轨道交通装备制造业职业技能鉴定指导丛书

钻 床 工

中国北车股份有限公司 编写

中国铁道出版社

2015年·北京

图书在版编目(CIP)数据

钻床工/中国北车股份有限公司编写 . —北京:
中国铁道出版社,2015.4
(轨道交通装备制造业职业技能鉴定指导丛书)
ISBN 978-7-113-20061-9

Ⅰ.①钻… Ⅱ.①中… Ⅲ.①钻床—职业技能—
鉴定—自学参考资料 Ⅳ.①TG52

中国版本图书馆 CIP 数据核字(2015)第 042871 号

书 名:	轨道交通装备制造业职业技能鉴定指导丛书	
	钻 床 工	
作 者:	中国北车股份有限公司	
策 划:	江新锡 钱士明 徐 艳	
责任编辑:	陶赛赛	编辑部电话:010-51873193
编辑助理:	黎 琳	
封面设计:	郑春鹏	
责任校对:	焦桂荣	
责任印制:	郭向伟	

出版发行:中国铁道出版社(100054,北京市西城区右安门西街 8 号)
网　　址:http://www.tdpress.com
印　　刷:北京尚品荣华印刷有限公司
版　　次:2015 年 4 月第 1 版　2015 年 4 月第 1 次印刷
开　　本:787 mm×1 092 mm　1/16　印张:12　字数:294 千
书　　号:ISBN 978-7-113-20061-9
定　　价:38.00 元

中国北车职业技能鉴定教材修订、开发编审委员会

主　任：赵光兴

副主任：郭法娥

委　员：（按姓氏笔画为序）

于帮会　王　华　尹成文　孔　军　史治国

朱智勇　刘继斌　闫建华　安忠义　孙　勇

沈立德　张晓海　张海涛　姜　冬　姜海洋

耿　刚　韩志坚　詹余斌

本《丛书》总　编：赵光兴

　　　　　副总编：郭法娥　刘继斌

本《丛书》总　审：刘继斌

　　　　　副总审：杨永刚　娄树国

编审委员会办公室：

主　任：刘继斌

成　员：杨永刚　娄树国　尹志强　胡大伟

序

　　在党中央、国务院的正确决策和大力支持下，中国高铁事业迅猛发展。中国已成为全球高铁技术最全、集成能力最强、运营里程最长、运行速度最高的国家。高铁已成为中国外交的新名片，成为中国高端装备"走出国门"的排头兵。

　　中国北车作为高铁事业的积极参与者和主要推动者，在大力推动产品、技术创新的同时，始终站在人才队伍建设的重要战略高度，把高技能人才作为创新资源的重要组成部分，不断加大培养力度。广大技术工人立足本职岗位，用自己的聪明才智，为中国高铁事业的创新、发展做出了重要贡献，被李克强同志亲切地赞誉为"中国第一代高铁工人"。如今在这支近5万人的队伍中，持证率已超过96%，高技能人才占比已超过60%，3人荣获"中华技能大奖"，24人荣获国务院"政府特殊津贴"，44人荣获"全国技术能手"称号。

　　高技能人才队伍的发展，得益于国家的政策环境，得益于企业的发展，也得益于扎实的基础工作。自2002年起，中国北车作为国家首批职业技能鉴定试点企业，积极开展工作，编制鉴定教材，在构建企业技能人才评价体系、推动企业高技能人才队伍建设方面取得明显成效。为适应国家职业技能鉴定工作的不断深入，以及中国高端装备制造技术的快速发展，我们又组织修订、开发了覆盖所有职业（工种）的新教材。

　　在这次教材修订、开发中，编者们基于对多年鉴定工作规律的认识，提出了"核心技能要素"等概念，创造性地开发了《职业技能鉴定技能操作考核框架》。该《框架》作为技能人才评价的新标尺，填补了以往鉴定实操考试中缺乏命题水平评估标准的空白，很好地统一了不同鉴定机构的鉴定标准，大大提高了职业技能鉴定的公信力，具有广泛的适用性。

　　相信《轨道交通装备制造业职业技能鉴定指导丛书》的出版发行，对于促进我国职业技能鉴定工作的发展，对于推动高技能人才队伍的建设，对于振兴中国高端装备制造业，必将发挥积极的作用。

中国北车股份有限公司总裁：

2015.2.7

前　　言

　　鉴定教材是职业技能鉴定工作的重要基础。2002年，经原劳动保障部批准，中国北车成为国家职业技能鉴定首批试点中央企业，开始全面开展职业技能鉴定工作。2003年，根据《国家职业标准》要求，并结合自身实际，组织开发了《职业技能鉴定指导丛书》，共涉及车工等52个职业（工种）的初、中、高3个等级。多年来，这些教材为不断提升技能人才素质、适应企业转型升级、实施"三步走"发展战略的需要发挥了重要作用。

　　随着企业的快速发展和国家职业技能鉴定工作的不断深入，特别是以高速动车组为代表的世界一流产品制造技术的快步发展，现有的职业技能鉴定教材在内容、标准等诸多方面，已明显不适应企业构建新型技能人才评价体系的要求。为此，公司决定修订、开发《轨道交通装备制造业职业技能鉴定指导丛书》（以下简称《丛书》）。

　　本《丛书》的修订、开发，始终围绕促进实现中国北车"三步走"发展战略、打造世界一流企业的目标，努力遵循"执行国家标准与体现企业实际需要相结合、继承和发展相结合、坚持质量第一、坚持岗位个性服从于职业共性"四项工作原则，以提高中国北车技术工人队伍整体素质为目的，以主要和关键技术职业为重点，依据《国家职业标准》对知识、技能的各项要求，力求通过自主开发、借鉴吸收、创新发展，进一步推动企业职业技能鉴定教材建设，确保职业技能鉴定工作更好地满足企业发展对高技能人才队伍建设工作的迫切需要。

　　本《丛书》修订、开发中，认真总结和梳理了过去12年企业鉴定工作的经验以及对鉴定工作规律的认识，本着"紧密结合企业工作实际，完整贯彻落实《国家职业标准》，切实提高职业技能鉴定工作质量"的基本理念，在技能操作考核方面提出了"核心技能要素"和"完整落实《国家职业标准》"两个概念，并探索、开发出了中国北车《职业技能鉴定技能操作考核框架》；对于暂无《国家职业标准》、又无相关行业职业标准的40个职业，按照国家有关《技术规程》开发了《中国北车职业标准》。经2014年技师、高级技师技能鉴定实作考试中27个职业的试用表明：该《框架》既完整反映了《国家职业标准》对理论和技能两方面的要求，又适应了企业生产和技术工人队伍建设的需要，突破了以往技能鉴定实作考核中试卷的难度与完整性评估的"瓶颈"，统一了不同产品、不同技术含量企业的鉴定标准，提高了鉴定考核的技术含量，保证了职业技能鉴定的公平性，提高了职业技能鉴定工作质量和管理水平，将成为职业技能鉴定工作、进而成为生产操作者技能素质评价的新标尺。

　　本《丛书》共涉及 98 个职业（工种），覆盖了中国北车开展职业技能鉴定的所有职业（工种）。《丛书》中每一职业（工种）又分为初、中、高 3 个技能等级，并按职业技能鉴定理论、技能考试的内容和形式编写。其中：理论知识部分包括知识要求练习题与答案；技能操作部分包括《技能考核框架》和《样题与分析》。本《丛书》按职业（工种）分册，并计划第一批出版 74 个职业（工种）。

　　本《丛书》在修订、开发中，仍侧重于相关理论知识和技能要求的应知应会，若要更全面、系统地掌握《国家职业标准》规定的理论与技能要求，还可参考其他相关教材。

　　本《丛书》在修订、开发中得到了所属企业各级领导、技术专家、技能专家和培训、鉴定工作人员的大力支持；人力资源和社会保障部职业能力建设司和职业技能鉴定中心、中国铁道出版社等有关部门也给予了热情关怀和帮助，我们在此一并表示衷心感谢。

　　本《丛书》之《钻床工》由中国北车集团沈阳机车车辆有限责任公司《钻床工》项目组编写。主编王剑光，副主编杨松刚；主审李国东；参编人员马英联、王鑫旭。

　　由于时间及水平所限，本《丛书》难免有错、漏之处，敬请读者批评指正。

中国北车职业技能鉴定教材修订、开发编审委员会
二〇一四年十二月二十二日

目　录

钻床工(职业道德)习题

一、填 空 题

1. 职业守则是企业依照国家的法律、法规和相关的（　　　）、职业道德，以及企业的具体生产情况制定的，是大家必须遵守的"规则"。

2. 职业道德修养是从业人员自觉按照职业道德的基本原则和规范，通过自我约束、教育、磨练，达到较高（　　　）的过程。

3. 道德是社会意识形态之一，是人们行为规范的（　　　）。

4. 社会主义道德最广泛的社会基础是（　　　）。

5. 建立在一定的利益和义务的基础之上，并以一定的道德规范形式表现出来的特殊的社会关系是（　　　）。

6. 马克思主义哲学作为科学的世界观，它的基本原则是（　　　）。

7. 社会主义道德风尚的重要基础是（　　　），同时也是建立和规范社会主义市场经济秩序的重要保证。

8. 职业道德的最基本要求是（　　　），为社会主义建设服务。

9. 发展应以人为本，立人应（　　　）。

二、单项选择题

1. 关于道德的准确说法是（　　　）。

(A)道德就是做好人好事

(B)做事符合他人利益就是道德

(C)道德是一种社会的意识形态，它泛指人们的行为应遵守的原则和标准

(D)道德是因人、因时而异，没有特定的标准

2. 职业道德是指（　　　）。

(A)法律规定的职业标准

(B)在社会分工体系中，从事一定职业的人们在其特定的职业活动中，应遵守的道德行为规范的总和

(C)从事某种职业时应遵守的法律规定

(D)在从事职业活动时要时刻以符合他人的利益为标准

3. 下列不属于职业道德的基本内容的是（　　　）。

(A)爱岗敬业　　　(B)奉献社会　　　(C)遵纪守法　　　(D)办事公道

4. 下列不属于社会主义职业道德的基本原则的是（　　　）。

(A)热爱本职工作，忠于职守，为人民服务

(B)向社会负责

(C)主人翁的劳动态度和社会主义社会的团结协作

(D)遵章守纪,爱护公物,尊敬师长

5. 下列不是职业道德培养方面的是( )。

(A)从思想观念上树立主人翁思想,端正劳动态度,爱岗敬业

(B)遵章守纪,爱护公物,尊敬师长

(C)对待工作认真负责,培养高度的责任心

(D)钻研技术,提高技术业务水平

6. 道德意识包括( )等。

(A)道德观念和道德情感　　　　(B)道德意志和道德信念

(C)道德理想和道德理论体系　　(D)以上都包括

7. 自律是道德的本质特点,( )就是发挥自律的功能。

(A)批评教育　　(B)辅导教育　　(C)远程教育　　(D)自我教育

8. 积极参加( )是职业道德修养的根本途径。

(A)职业实践　　(B)职业教育　　(C)职业评级　　(D)职业素养

9. 集体主义原则集中体现了( )核心的要求。

(A)社会主义精神文明　　　　(B)马克思主义

(C)科学发展观　　　　　　　(D)社会主义道德

10. 下列不是职业守则包括的内容是( )。

(A)爱岗敬业,具有高度的责任心

(B)工作认真负责,团结合作

(C)思想进步,任劳任怨

(D)爱护设备及工具、夹具、刀具、量具

11. 具有一定的强制性,它是企业内部行为约束条例,也是职工行为规范的准则,它是( )。

(A)企业文化　　(B)职业守则　　(C)管理体系　　(D)职业道德

12. 积极参加( )是职业道德修养的根本途径。

(A)职业实践　　(B)职业教育　　(C)职业评级　　(D)职业素养

三、多项选择题

1. 下列关于职业道德的说法,正确的是( )。

(A)职业道德是道德所包含的内容的一部分

(B)职业道德是指人们在从事某一定职业时,应遵循的道德规范和行业行为规范

(C)职业道德是人类职业分工的产物

(D)职业道德是不随着社会和生产力的发展而发展的

2. 社会主义职业道德的基本原则是( )。

(A)热爱本职工作,忠于职守,为人民服务

(B)向社会负责

(C)主人翁的劳动态度和社会主义社会的团结协作

(D)遵章守纪,爱护公物,尊敬师长,向不良习气作斗争

3. 职业道德培养是从业人员在职业道德意识和职业道德行为方面,自觉按照职业道德的基本原则和规范,进行(　　)和提高的过程。

(A)自我约束　　　(B)自我培养　　　(C)自我磨练　　　(D)自我教育

4. 制定职业守则总的目标是(　　)。

(A)要求职工遵守国家的法律

(B)保证企业产品生产的有序进行

(C)确保企业生产的产品质量符合要求

(D)制止与职业守则相背的行为

5. 下列(　　)内容是职业守则的部分内容。

(A)遵守法律、法规和有关规定

(B)思想进步,任劳任怨

(C)刻苦钻研技术,用于创新

(D)着装整洁,符合规定;保持工作环境清洁有序,文明生产

6. 道德的相对独立性表现在(　　)。

(A)道德的发展同社会经济关系总的历史发展过程相一致

(B)道德的变化同经济关系变化的不完全同步性

(C)道德的发展同经济发展水平的不平衡性

(D)道德有自身相对独立的历史发展过程

7. 职业道德修养之所以必须经过实践这一途径,原因在于(　　)。

(A)积极参加职业实践是职业道德修养的根本途径

(B)从业人员的高尚的职业道德品质来源于实践

(C)在实践中进行职业道德修养是由道德自身的特点决定的

(D)职业道德修养是一种理智的、自觉的活动,它需要科学的世界观作指导

8. 道德对人们行为的调整是靠(　　)来维持的。

(A)内心信念　　　　　　　(B)风俗习惯

(C)社会舆论的力量　　　　　(D)法律

9. 加强公民道德建设,应该(　　)。

(A)着力弘扬社会主义荣辱观,拓展公民道德教育内容

(B)着力营造舆论氛围,倡导良好社会道德风尚

(C)着力解决突出问题,巩固拓展道德建设成果

(D)着力推进工作延伸,扩大道德建设的覆盖范围

10. 职业道德的基本要求是"(　　)、奉献社会"。

(A)爱岗敬业　　　(B)诚实守信　　　(C)办事公道　　　(D)服务群众

11. 道德与法律不同,(　　)。

(A)道德不是由国家强制制定、强制执行的

(B)道德是因人、因时而异,没有特定的标准

(C)道德是渗透在社会的一切领域

(D)道德是建立在人们自觉执行的基础上的

四、判 断 题

1. 职业守则是带有一定的强制性的。（　　）

2. 企业职业守则要求职工严格按照工艺文件、安全操作规程执行，工作程序、工作过程达到规范的要求。（　　）

3. 道德修养是人们对自己的意识行为所做的自我解剖、自我改造。（　　）

4. 提高职业道德技能是树立职业信念的思想基础。（　　）

5. 社会主义职业道德是以最终谋求整个国家的经济利益为目标的。（　　）

6. 道德的内容包括三个方面：道德意识、道德关系、道德思维。（　　）

7. 社会文化环境对人们的思想观念、价值判断、道德情操具有潜移默化的影响。（　　）

8. 道德关系是建立在一定的利益和义务的基础之上，并以一定的道德规范形式表现出来的。（　　）

9. 集体主义原则体现了社会主义道德和社会主义职业道德的统一。（　　）

10. 道德是依靠传统习惯、内心信念、教育示范、社会舆论等力量来维持，是建立在人们自觉执行的基础上的。（　　）

11. 职业道德是法律规定的从事某种职业活动的行为准则。（　　）

12. 我国现阶段各行各业普遍适用的职业道德的基本内容，即"爱岗敬业、诚实守信、遵纪守法、办事公道、奉献社会"。（　　）

13. 向社会负责是社会主义职业道德的最根本的一条。（　　）

14. 职业道德的培养是靠法律制度来实现的。（　　）

15. 职业守则是带有一定的强制性的。（　　）

钻床工(职业道德)答案

一、填空题

1. 道德规范　　　2. 职业境界　　　3. 总和　　　4. 公民道德
5. 道德关系　　　6. 实事求是　　　7. 职业道德　　　8. 奉献社会
9. 以德为先

二、单项选择题

1. C　　2. B　　3. C　　4. D　　5. B　　6. D　　7. D　　8. A　　9. D
10. C　　11. B　　12. A

三、多项选择题

1. ABC　　2. ABC　　3. ABD　　4. ABD　　5. ACD　　6. BCD　　7. BC
8. ABC　　9. ABCD　　10. ABCD　　11. ACD

四、判断题

1. √　　2. √　　3. √　　4. ×　　5. ×　　6. ×　　7. √　　8. √　　9. ×
10. √　　11. ×　　12. ×　　13. ×　　14. ×　　15. √

钻床工（初级工）习题

一、填空题

1. 当投影线互相平行，并与投影面（   ）时，物体在投影面上所得的投影，称为正投影。

2. 在三视图中，俯视图与左视图（   ）相等。

3. 允许尺寸的变动量，称为（   ）。

4. 配合分为间隙配合、过盈配合和（   ）三种。

5. （   ）是指加工成零件的实际表面形状和相互位置，对理想形状与位置的允许变化范围。

6. 形位公差代号的框格内标出"="时，表示对工件此部位有（   ）要求。

7. 表面粗糙度是指加工表面具有的较小间距和（   ）所组成的微观几何形状特性。

8. 符号"$\sqrt{\frac{3.2}{}}$"表示用（   ）获得的表面，Ra 的最大允许值为 3.2 μm。

9. Q235-A 是（   ）的牌号。

10. 热处理的目的是用控制金属加热（   ）或冷却速度的方法来改变金属材料的组织和性能。

11. 橡胶、工程塑料和玻璃钢都属于（   ）材料。

12. 带传动适用于两传动轴中心距（   ）的场合。

13. 在传动中，（   ）一般不小于 120°。

14. 通用钻床分台式钻床、立式钻床和（   ）三种。

15. 金属切削机床的（   ）是用其名称汉语拼音的第一个大写字母表示的。

16. 工件在切削加工过程中形成待加工表面、（   ）和已加工表面。

17. 切削过程中的运动分为主运动和（   ）。

18. 刀具材料的耐热性也称红硬性、热硬性，它是指在（   ）条件下，刀具材料能保持足够的硬度、强度、韧性及耐磨性的能力。

19. 刀具的前角是前面与（   ）的夹角。

20. 铣床是以多齿刀具的（   ）作为主运动、工件做进给运动来进行加工的。

21. 机床润滑剂可分为（   ）、润滑脂和固体润滑剂三种。

22. 切削液分为切削油、乳化液和（   ）三大类。

23. 液压传动是由液压元件利用液体作为工作介质，靠液体的（   ）传递运动和功率的一种传动方式。

24. 常用游标类量具的读数值有（   ）、0.05 和 0.1 三种。

25. 游标类量具使用时推力过大，会使（   ）摆动，造成测量误差。

26. 钻床夹具通常由夹具体、钻模板、钻套、（   ）、夹紧装置五个部分组成。

27. 常用手持电动工具有（   ）、电磨头和电动曲线锯。

28. （   ）用于支承毛坯面或不规则表面,进行划线时的找正。

29. 毛坯表面划线应使用白灰水、（   ）或粉笔做划线涂料。

30. 划线的基本程序是:划线前的准备工作;划线;（   ）。

31. 錾子分扁錾、狭錾和（   ）三种。

32. 锉削的应用很广,可以锉削平面、曲面、内圆、深槽和各种（   ）。

33. 锯削的作用是:分割各种材料或半成品,锯掉工件上（   ）和在工件上锯槽。

34. 通用设备常用低压控制电器有（   ）、继电器、主令电器、控制器和电磁铁等。

35. 以（   ）为动力来拖动生产机械的拖动方式称作电力拖动。

36. 电力拖动由（   ）、传动机构和控制设备等基本环节组成。

37. 通用设备电动机的额定电压主要是（   ）。

38. 国家规定（   ）以下电压为安全电压。

39. 清扫卫生时,要切断电源,不得（   ）电器设备。

40. 现场文明生产的"5S"活动包括:整理、整顿、清洁、清扫和（   ）。

41. 机床操作工工作时要佩戴安全帽和（   ）,穿紧身工作服。

42. 钻削过程中不准直接用（   ）去清理切屑。

43. 固体废弃物分为（   ）、有毒有害废弃物和危险化学品废弃物三种。

44. 设计给定的尺寸叫作（   ）。

45. 企业质量方针是企业每一个职工在开展质量（   ）中所必须遵守和依从的行动指南。

46. 岗位质量要求可以明确企业每一个人在质量工作上的具体任务、（   ）和权利。

47. 岗位质量保证措施要求从业者应严格按照技术图纸、（   ）进行生产。

48. 接受职业技能（   ）是劳动者应享受的权利之一。

49. 劳动合同应包括（   ）和劳动条件的条款。

50. 劳动合同的解除,是指当事人双方提前终止劳动合同的（   ）,解除双方的权利义务关系。

51. 分析视图时应首先根据视图位置和排列关系区分（   ）、俯视图和左视图。

52. 简单零件的表达主要是通过三视图进行的,对于零件不可见的槽、孔等几何形体用虚线画出,并通过（   ）反映出零件组成部分形状的大小和相互位置。

53. 在垂直于螺纹轴线投影的视图中,表示牙底的细实线圆只画约（   ）圈。

54. 在零件图中,齿轮的齿顶线用（   ）绘制。

55. 一个完整的尺寸标注应包括（   ）、尺寸线和尺寸数字三个基本要素。

56. 钻床常用孔的加工方法有钻孔、扩孔、锪孔、铰孔、镗孔和（   ）等。

57. 精加工是指从工件上切除较小余量,所得精度（   ）、表面粗糙度较细的加工过程。

58. 工艺规程规定了产品或零部件制造的工艺过程和（   ）。

59. 工艺文件包括的文件有:机械加工工艺过程卡片、（   ）和工艺卡片。

60. 工艺装备包括刀具、（   ）、模具、量具、检具、附具、钳工工具、工位器具等。

61. 基准就是用来确定生产对象上几何要素间的几何关系所依据的那些点、（   ）、面。

62. 工序余量是相邻两工序的工序（   ）之差。

63. 进给量就是刀具每转一转、往复一次或刀具每转一齿时,刀具与(   )在进给运动方向上的相对位移。

64. 切削液具有冷却作用、(   )、清洗作用和防锈作用。

65. 装夹就是将工件在机床上或(   )中定位夹紧的过程。

66. 夹具在加工中可以起到保证(   )、提高加工效率、降低生产成本、改善劳动条件和扩大机床应用范围的作用。

67. 机床夹具由(   )、夹紧元件或夹紧装置、引导刀具元件、夹具体、辅助元件或辅助装置组成。

68. 钻床常用夹具有:三爪卡盘、机用平口钳、(   )、压板、垫板和螺栓、弯板、手虎钳、平行夹板等。

69. 通用夹具是一种标准化和规格化的、使用时不需(   )的夹具。

70. 专用夹具是指为加工(   )而设计制造的夹具。

71. 机用平口钳主要用来装夹平整的(   )工件。

72. 找正是指用工具或(   )根据工件上有关基准,找出工件在划线、加工或装配时的正确位置的过程。

73. 常用孔加工刀具有:中心钻、麻花钻头、扩孔钻头、锪孔钻头、铰刀、(   )。

74. 标准麻花钻头的导向部分在钻孔时起到引导钻头、排出切屑和修光孔壁的作用,同时也是(   )的备用部分。

75. 标准麻花钻头的(   )是钻头的前面(螺旋槽面)与后面的交线。

76. 按材质分铰刀有高速钢铰刀和(   )。

77. 铰刀刀齿在圆周的分布形式有(   )分布和圆周不等齿距分布两种。

78. 常用锪钻有三种,即圆柱形锪钻、(   )和端面锪钻。

79. 一般扩孔钻由切削部分、(   )、校准部分、颈部及柄部组成。

80. 丝锥的校准部分有完整的牙形轮廓,用以(   )和起导向作用。

81. 丝锥的前角由丝锥的(   )形成,其角度值一般为8°～10°。

82. 国家标准规定的丝锥(   )代号有 H1、H2、H3、H4 四种。

83. 普通麻花钻头的(   )一般是118°±2°。

84. 刃磨高速钢麻花钻头一般是用(   )砂轮。

85. 标准钻套规格号代表的是钻套(   )的莫氏锥度号。

86. 攻螺纹浮动夹头具有(   )作用,攻制的螺纹精度高。

87. 作好钻床的维护保养工作可以保护钻床的(   ),延长钻床的使用寿命。

88. 钻床在加工使用前要先开机(   ),各部分运转正常后方可开始加工。

89. 班后应清除钻床及场地的切屑,擦净钻床各部位,将各运动部件退到(   )。

90. 钻床在工作中(   )变速和进给变速必须停车进行。

91. 调整台式钻床头架的位置时,应先将(   )调到适当位置并用螺钉锁紧,然后再调整头架位置。

92. 工件钻通孔将要钻透时,由于轴向切削力的(   ),钻头容易产生轴向窜动。

93. 钻通孔将要钻透时应由(   )进给变为手动进给。

94. 钻孔试钻时纠偏的方法是可以用油槽錾或样冲在孔偏斜的(   )方向錾冲出槽孔,

然后再试钻。

95. 钻孔时只有在钻头( )全部切入工件后才能由手动进给变为机动进给。

96. 钻孔时试钻、引钻都必须采用( )进给。

97. 当钻孔深度达孔径( )倍以上后,要多次退出钻头进行排屑。

98. 钻不通孔容易产生的主要问题是( )尺寸不容易控制。

99. 钻不通孔时,应按孔深尺寸调整好( ),避免钻深误差,并注意及时排屑。

100. 圆柱表面钻孔容易产生的主要问题是孔的中心对工件中心的( )度超差。

101. 影响圆柱表面钻孔中心对工件中心的对称度超差的主要原因是孔的划线中心、( )轴线不在工件断面中心垂线上。

102. 为了保证钻孔中心不偏,钻孔前可先用( )预钻,然后再用符合尺寸要求的钻头钻孔。

103. 扩孔是用( )扩大工件已有孔孔径的方法。

104. 扩孔可以作为孔的( )方法,也可作为孔的精加工方法。

105. 划线找正钻孔能达到的( )精度一般为±(0.25～0.5)mm。

106. 划线找正、使用普通夹具和使用( )都可以控制孔距加工精度。

107. 铰孔可以达到的公差等级为( )。

108. 选取铰刀直径制造公差应考虑( )的公差等级、铰刀的制造公差、铰刀研磨备用量和孔的扩张收缩量四个方面因素。

109. 铰孔时工件( )必须与钻床主轴同轴。

110. 手动铰孔要注意变换每次铰刀的( ),以消除铰孔振痕。

111. 铰削余量选择不当会造成孔的尺寸精度、( )、表面质量误差,并会降低铰刀寿命。

112. 用高速钢铰刀铰削铸铁材质零件进给量一般取( )。

113. 硬度高、加工性差、批量大工件铰孔时应选用( )材质铰刀。

114. 铸铁材质零件铰孔一般应使用低浓度的( ),也可使用煤油,但会引起孔径收缩。

115. 套类零件钻通孔的主要问题是当钻下部孔时,钻头伸出较长,钻尖在套内壁不易定心,造成钻孔( )。

116. 十字相交孔钻孔存在的主要问题二孔轴线的( )度和垂直度的问题。

117. 十字相交孔垂直度的控制方法有( )钻孔法、钻模钻孔法、分度头分度钻孔法等。

118. 双联孔钻完上面大孔后,钻( )的钻头伸出太长,没有导向,下面的孔不便于划线和打样冲孔,钻孔容易偏斜。

119. 钻相连式平底双联孔可先用短钻头钻完大孔,然后再钻小孔,最后( )大孔底面。

120. 钻中部间断通孔式双联孔,在钻完上面孔后,用与上面孔紧密配合的样冲在( )打出样冲孔,再用样冲定心引钻,钻出下面孔。

121. 钻上大下小、中部间断式双联孔,先钻完上面孔,然后再用与上面孔小间隙配合的( )钻出下面孔。

122. 锪削就是用( )或锪刀刮平孔的端面或切出沉孔的方法。

123. 锪孔及锪平面有( )、锪圆柱形沉头孔和锪孔的上下端平面三种形式。

124. 锪钻靠主切削刃前端的( )与已加工孔的间隙配合进行导向。

125. 锪孔时锪刀的刃磨、工件和刀具的装夹、进给的用力都要考虑防止切削（　　　）的产生。

126. 螺纹标记 M10-7H-L 中,7H 是（　　　）代号,L 是螺纹旋合长度代号。

127. 普通螺纹牙型角的角度是（　　　）。

128. 螺距是相邻两牙在中径线上对应两点间的（　　　）。

129. 用（　　　）加工工件的内螺纹的方法称为攻螺纹。

130. 攻螺纹时底孔直径（　　　）内螺纹小径。

131. 钻螺纹底孔（　　　）产生表面硬化对攻螺纹不利。

132. 攻螺纹时丝锥及时（　　　）断屑,可防止折断丝锥。

133. 机动攻通孔螺纹时,如果丝锥的（　　　）全部超出螺孔,反车退出丝锥会损坏螺纹。

134. 用钻模钻孔的优点是孔的加工精度高、生产效率高、（　　　）低。

135. 钻模上的钻套在钻孔时对（　　　）起导向作用。

136. 铸铁材料硬度、强度较低;（　　　）大、导热率低;组织疏松,易产生铸造缺陷。

137. 钻铸铁材料时粉末状切屑夹在钻头后面、棱边与孔壁间,会对钻头的（　　　）产生磨损作用。

138. 大批量铸铁材料工件钻孔应使用（　　　）材质钻头。

139. 铸铁材料钻孔切削力和切削热都作用于靠近刀刃的（　　　）上,所以刀刃易烧损。

140. 为减轻刀刃的烧损和后面的磨损,铸铁材料钻孔应采用较大的进给量、较低的（　　　）。

141. 充足的切削液可降低（　　　）和冲走粉末状铸铁切屑,能延长钻头使用寿命。

142. 铸铁群钻定心作用好、钻孔切削轻快,钻孔（　　　）小、钻头散热条件好,可使用较大进给量。

143. 紫铜材料钻孔容易发生（　　　）,呈多角形,孔上部扩大等问题。

144. 用游标卡尺测量孔径时一是要注意卡尺量脚要量在孔的直径上,二是卡尺（　　　）要平行于孔的轴线。

145. 用深度游标卡尺测量孔深时首先使副尺贴在孔的（　　　）上,然后再用主尺量孔深。

146. 孔用光滑极限量规的工作（　　　）代号为 T,用以检验孔的最小极限尺寸,通过为合格。

147. 机械加工表面粗糙度比较样块用于机械加工工件表面粗糙度的（　　　）测量。

148. 螺纹的测量方法有（　　　）和综合测量法。

149. 用螺纹量规检验螺纹属于螺纹的（　　　）。

150. 普通螺纹工作塞规通规的功能是检验内螺纹的（　　　）与大径,代号为 T。

151. 普通螺纹工作塞规通规的使用规则是与内螺纹（　　　）。

152. 普通螺纹工作塞规止规的使用规则允许与螺纹两端部分旋合,但不超过（　　　）螺距。

153. 钻头横刃太长,定心差,会导致钻孔（　　　）超差。

154. 钻孔时如切削液选用不当或（　　　）,就不能达到冷却、润滑的目的,造成孔壁粗糙。

155. 钻孔时,钻头绕本身轴线的旋转运动称为（　　　）。

二、单项选择题

1. 当投影线互相平行，并与投影面（　　）时，物体在投影面上所得的投影，称为正投影。

(A)倾斜　　　　　　(B)垂直　　　　　　(C)平行　　　　　　(D)重合

2. 俯视图和左视图的（　　）应相等。

(A)长度　　　　　　(B)宽度　　　　　　(C)高度　　　　　　(D)厚度

3. 设计给定的尺寸叫作（　　）。

(A)相关尺寸　　　　(B)极限尺寸　　　　(C)基本尺寸　　　　(D)实际尺寸

4. 允许尺寸的变动量，称为（　　）。

(A)尺寸公差　　　　(B)位置公差　　　　(C)形状公差　　　　(D)极限偏差

5. 具有间隙或过盈的配合，称为（　　）。

(A)动配合　　　　　(B)间隙配合　　　　(C)过渡配合　　　　(D)过盈配合

6. （　　）是指加工成零件的实际表面形状和相互位置，对理想形状与位置的允许变化范围。

(A)尺寸公差　　　　(B)位置公差　　　　(C)形状公差　　　　(D)形位公差

7. 形位公差代号的框格内标出"="时，表示对工件此部位有（　　）。

(A)圆柱度　　　　　(B)对称度　　　　　(C)位置度　　　　　(D)直线度

8. 符号"$\overset{3.2}{\nabla}$"表示用（　　）获得的表面，Ra 的最大允许值为 3.2 μm。

(A)铸造方法　　　　(B)去除材料方法　　(C)任何方法　　　　(D)不去除材料方法

9. （　　）是优质碳素结构钢的牌号。

(A)45　　　　　　　(B)Q235　　　　　　(C)T12　　　　　　(D)20Cr

10. 热处理的目的是用控制金属加热（　　）或冷却速度的方法来改变金属材料的组织和性能。

(A)方法　　　　　　(B)部位　　　　　　(C)温度　　　　　　(D)时间

11. 橡胶、工程塑料和（　　）都属于非金属材料。

(A)石墨　　　　　　(B)汞　　　　　　　(C)箔金　　　　　　(D)球墨铸铁

12. （　　）适用于两传动轴中心距较大的场合。

(A)螺旋传动　　　　(B)蜗轮蜗杆传动　　(C)齿轮传动　　　　(D)带传动

13. 在带传动中，带轮包角一般不小于（　　）。

(A)30°　　　　　　(B)120°　　　　　　(C)360°　　　　　　(D)90°

14. 金属切削机床的（　　）是用其名称汉语拼音的第一个大写字母表示的。

(A)名称　　　　　　(B)分类代号　　　　(C)规格　　　　　　(D)型号

15. 在切削过程中切削刃正在切削的工件表面称为（　　）。

(A)已加工表面　　　(B)加工表面　　　　(C)待加工表面　　　(D)切削平面

16. 切削过程中的运动分为主运动和（　　）。

(A)进给运动　　　　(B)吃刀运动　　　　(C)走刀运动　　　　(D)切削运动

17. 刀具材料在高温条件下，能保持足够的硬度、强度、韧性及耐磨性的能力称为刀具的（　　）。

(A)冷硬性　　　　　(B)红硬性　　　　　(C)耐磨性　　　　　(D)韧性

18.（　　）是主切削刃与基面的夹角。

(A)前角　　　　　(B)后角　　　　　(C)刃倾角　　　　　(D)楔角

19.铣床的主运动是多齿刀具的（　　）。

(A)切削运动　　　　　(B)进给运动　　　　　(C)旋转运动　　　　　(D)直线运动

20.机床润滑剂可分为（　　）、润滑脂和固体润滑剂三种。

(A)矿物油　　　　　(B)植物油　　　　　(C)动物油　　　　　(D)润滑油

21.切削液分为切削油、乳化液和（　　）三大类。

(A)水溶液　　　　　(B)清水　　　　　(C)汽油　　　　　(D)酸溶液

22.液压传动是由液压元件利用液体作为工作介质,靠液体的（　　）传递运动和功率的一种传动方式。

(A)流动　　　　　(B)体积　　　　　(C)冲击　　　　　(D)压力

23.常用游标类量具的读数值有（　　）、0.05 和 0.1 三种。

(A)0.02　　　　　(B)0.01　　　　　(C)0.03　　　　　(D)0.002

24.游标类量具使用时推力过大,会使（　　）摆动,造成测量误差。

(A)尺身　　　　　(B)游标　　　　　(C)量爪　　　　　(D)螺钉

25.机床夹具的主体元件是（　　）。

(A)夹紧元件　　　　　(B)定位元件　　　　　(C)导向元件　　　　　(D)夹具体

26.常用手持电动工具有（　　）、电磨头和电动曲线锯。

(A)风钻　　　　　(B)台式钻床　　　　　(C)手电钻　　　　　(D)电烙铁

27.（　　）用于支承毛坯面或不规则表面,进行划线时的找正。

(A)平板　　　　　(B)V 型铁　　　　　(C)千斤顶　　　　　(D)方箱

28.毛坯表面划线应使用白灰水、（　　）或粉笔做划线涂料。

(A)白垩溶液　　　　　(B)硫酸铜溶液　　　　　(C)龙胆紫　　　　　(D)防锈漆

29.工件（　　）后要检查,打样冲孔。

(A)钻孔　　　　　(B)划线　　　　　(C)攻螺纹　　　　　(D)錾削

30.錾子分扁錾、（　　）和狭錾三种。

(A)键槽錾　　　　　(B)组合錾　　　　　(C)油槽錾　　　　　(D)成型錾

31.（　　）可以加工光整平面、曲面、内圆、深槽和各种形状复杂表面。

(A)錾削　　　　　(B)锯削　　　　　(C)锉削　　　　　(D)钻削

32.（　　）可以切断各种材料或半成品。

(A)刮削　　　　　(B)锯削　　　　　(C)锉削　　　　　(D)钻削

33.通用设备常用低压控制电器有（　　）、继电器、主令电器、控制器和电磁铁等。

(A)熔断器　　　　　(B)刀开关　　　　　(C)电动机　　　　　(D)接触器

34.以（　　）为动力来拖动生产机械的拖动方式称作电力拖动。

(A)电动机　　　　　(B)发电机　　　　　(C)内燃机　　　　　(D)变压器

35.电力拖动由（　　）、传动机构和控制设备等基本环节组成。

(A)电动机　　　　　(B)发电机　　　　　(C)内燃机　　　　　(D)变压器

36.通用设备电动机的额定电压主要是（　　）。

(A)220 V　　　(B)380 V　　　(C)36 V　　　(D)110 V

37. 国家规定(　　)以下电压为安全电压。

(A)220 V　　　(B)380 V　　　(C)36 V　　　(D)110 V

38. 电气失火时,要先切断电源,再用四氯化碳灭火器或(　　)灭火。

(A)酸碱泡沫灭火器　(B)棉被　　　(C)水　　　(D)二氧化碳灭火器

39. 现场文明生产的"5S"活动包括:整理、整顿、清洁、清扫和(　　)。

(A)素养　　　(B)风貌　　　(C)风格　　　(D)技能

40. 分析视图时应首先根据视图(　　)和相互关系,区分主视图、俯视图和左视图。

(A)位置　　　(B)大小　　　(C)角度　　　(D)尺寸

41. 简单零件的表达主要是通过(　　)进行的。

(A)三视图　　　(B)主视图　　　(C)剖视图　　　(D)轴测图

42. 读图时明确三个方向的尺寸基准,然后找出各组成部分的(　　)、定位尺寸和零件的整体尺寸。

(A)定型尺寸　　　(B)外形尺寸　　　(C)长度尺寸　　　(D)内部尺寸

43. 在垂直于螺纹轴线投影的视图中,表示牙底的细实线圆只画约(　　)圈。

(A)1/2　　　(B)3/4　　　(C)1/4　　　(D)3/5

44. 齿轮分度圆用(　　)绘制。

(A)粗实线　　　(B)细实线　　　(C)细点划线　　　(D)虚线

45. 钻床能进行的主要加工方式是(　　)。

(A)铣平面　　　(B)铣槽　　　(C)钻孔　　　(D)挑螺纹

46. (　　)是指从坯料上切除较多余量,所达到的精度较低、表面粗糙度较高的加工过程。

(A)精加工　　　(B)粗加工　　　(C)半精加工　　　(D)切削加工

47. (　　)是指规定产品或零部件制造工艺过程和操作方法的工艺文件。

(A)工艺过程　　　(B)工艺规程　　　(C)工艺方案　　　(D)工艺路线

48. 工艺装备就是产品制造过程中使用的各种(　　)的总称。

(A)工具　　　(B)夹具　　　(C)量具　　　(D)检具

49. 基准分为设计基准和(　　)两大类。

(A)定位基准　　　(B)工艺基准　　　(C)辅助基准　　　(D)测量基准

50. 钻孔时在钻头直径和切削速度已经确定后,需要进行选择的只有(　　)。

(A)钻床转速　　　(B)吃刀深度　　　(C)进给量　　　(D)钻头背吃刀量

51. 钻削硬度较高的工件时,应选用(　　)的切削速度和较小进给量。

(A)较大　　　(B)较小　　　(C)较低　　　(D)较高

52. 装夹就是将(　　)在机床上或夹具中定位夹紧的过程。

(A)工具　　　(B)夹紧元件　　　(C)工件　　　(D)定位元件

53. 夹具就是用以装夹(　　)和引导刀具的装置。

(A)工具　　　(B)工件　　　(C)量具　　　(D)刀具

54. 压板、(　　)和螺栓一般是成组使用的。

(A)弯板　　　(B)平行夹板　　　(C)垫板　　　(D)V型块

55. 通用夹具也称万能夹具,是一种( )的夹具,使用时不需特殊夹具。
(A)特制 (B)标准化和规格化 (C)固定 (D)临时

56. 专用夹具是指为加工( )而专门设计制造的夹具。
(A)多种零件 (B)多道工序
(C)一种零件的多道工序 (D)某一种工件或某一道工序

57. V型块主要用来装夹( )工件。
(A)方形 (B)薄板形 (C)圆柱形 (D)奇形

58. 用螺栓、压板、垫板装夹工件时垫板等高或略高于工件夹紧部的好处之一是压板的
( )不在工件的边缘而在偏里面处,因而工件不会翘起。
(A)支点 (B)施力点 (C)夹紧点 (D)定位点

59. 用螺栓、压板、垫板装夹工件时螺栓、垫板靠近工件,可增大夹紧力,还可减小( )
的夹紧变形,确保夹紧可靠。
(A)压板 (B)工件 (C)垫板 (D)螺栓

60. ( )不属于孔加工刀具。
(A)扁钻 (B)麻花钻头 (C)群钻 (D)板牙

61. 标准麻花钻头的( )供装夹用,并用以传递钻孔所需的转矩和轴向力。
(A)钻舌 (B)钻尖 (C)钻柄 (D)钻尾

62. 标准麻花钻头的切削部分的几何要素包括:前面(螺旋槽面)、后面、主切削刃和
( )。
(A)前角 (B)后角 (C)过渡刃 (D)横刃

63. 按使用方式分铰刀的种类有两种,即手用铰刀、( )。
(A)硬质合金铰刀 (B)螺铰刀 (C)机用铰刀 (D)可调铰刀

64. 圆周不等齿距分布铰刀可避免在刀齿周期性的重复作用下造成的孔壁上的( ),
铰孔质量高。
(A)刻痕与棱面 (B)圆度误差 (C)粗糙度值太高 (D)椭圆

65. 圆锥形锪钻的锋角一般有 60°、( )和 120°。
(A)30° (B)45° (C)90° (D)100°

66. 扩孔可作为半精加工方法使用也可作为( )方法使用。
(A)超精加工 (B)精加工 (C)钻削加工 (D)光整加工

67. 丝锥的切削部分齿顶的( )是经铲磨加工形成的。
(A)前角 (B)副偏角 (C)后角 (D)锥角

68. 螺旋槽丝锥可以控制切屑流出的( )。
(A)方向 (B)速度 (C)角度 (D)形状

69. 丝锥( )有环形槽、切削部分又较短的是机用丝锥。
(A)柄部 (B)切削部 (C)校准部 (D)容屑槽部

70. 公差带代号为( )的丝锥用于公差带等级为 6H、7H 工件内螺纹的攻制。
(A)H1 (B)H2 (C)H3 (D)H4

71. 刃磨硬质合金钻头一般适用( )砂轮。
(A)棕刚玉 (B)白刚玉 (C)黑碳化硅 (D)绿碳化硅

72. 标准钻套共有（　　）规格。

(A)十种 　　　　(B)八种 　　　　(C)五种 　　　　(D)三种

73. 攻螺纹时（　　）可防止攻螺纹过载折断丝锥。

(A)保险夹头 　　(B)快换夹头 　　(C)浮动夹头 　　(D)钻夹头

74. 钻孔攻螺纹可不停车使用的是（　　）。

(A)快换夹头 　　(B)保险夹头 　　(C)浮动夹头 　　(D)钻夹头

75. 作好钻床的维护保养工作可以（　　）钻床的加工精度,延长钻床的使用寿命。

(A)保护 　　　　(B)提高 　　　　(C)延长 　　　　(D)恢复

76. 钻床在加工使用前要先（　　）,各部分运转正常后方可开始加工。

(A)擦拭机床 　　(B)高速运转 　　(C)开机试运转 　　(D)进行润滑

77. 班后将机床运动部件退到初始位置可减小机床（　　）的变形并防止设备事故的发生。

(A)变速机构 　　(B)操作手柄 　　(C)运动部件 　　(D)安全机构

78. 钻床采用手动进给时必须断开（　　）传动机构。

(A)主轴变速 　　(B)机动进给 　　(C)进给箱 　　　(D)进给保险

79. 钻床的一级保养是以（　　）为主,维修工人配合进行的一种设备保养方式。

(A)技术人员 　　(B)操作者 　　　(C)设备制造厂 　(D)设备管理人员

80. 钻通孔将要钻透时钻头产生轴向窜动是由（　　）造成的。

(A)轴向切削力的减小和消失 　　　(B)切屑的影响

(C)进给速度过大 　　　　　　　　(D)工件松动

81. 钻通孔将要钻透时应采用（　　）方式。

(A)机动进给 　　(B)手动进给 　　(C)停止进给 　　(D)高速进给

82. 钻孔试钻时纠偏的方法是:可以用油槽錾或样冲在孔偏斜的（　　）錾冲出槽孔,然后再试钻。

(A)相同方向 　　(B)相反方向 　　(C)左侧 　　　　(D)右侧

83. 钻孔时只有在（　　）全部切入工件后才能由手动进给变为机动进给。

(A)主切削刃 　　(B)副切削刃 　　(C)横刃 　　　　(D)导向部

84. 钻孔时试钻、引钻都必须采用（　　）进给。

(A)机动 　　　　(B)手动 　　　　(C)快速 　　　　(D)微量

85. 当钻孔深度达孔径（　　）以上后,要多次退出钻头进行排屑。

(A)3 倍 　　　　(B)4 倍 　　　　(C)5 倍 　　　　(D)0.5 倍

86. 钻不通孔容易产生的主要问题是（　　）不容易控制。

(A)深度尺寸 　　　　　　　　　　(B)直径尺寸

(C)切屑排出方向 　　　　　　　　(D)断屑

87. 钻不通孔时应按孔深尺寸调整好（　　）,避免钻深误差,并注意及时排屑。

(A)钻床进给挡块或深度标尺 　　　(B)工作台高度

(C)钻床夹具高度 　　　　　　　　(D)钻头伸出长度

88. 圆柱表面钻孔容易产生的主要问题是孔的中心对工件中心的（　　）超差。

(A)同轴度 　　　(B)位置度 　　　(C)对称度 　　　(D)垂直度

89. 装夹圆柱工件时,使 V 型块的(　　)位于钻床主轴轴线上,可保证钻孔中心对工件中心的对称度。

(A)V 槽中心　　　　(B)中心　　　　　　(C)断面　　　　　　(D)侧面

90. 为了保证钻孔中心不偏,可先用(　　)预钻后再用符合尺寸要求的钻头钻孔。

(A)中心钻头　　　　(B)扩孔钻　　　　　(C)锪钻　　　　　　(D)小直径钻头

91. (　　)是用扩孔刀具扩大工件已有孔径的方法。

(A)钻孔　　　　　　(B)扩孔　　　　　　(C)锪孔　　　　　　(D)铰孔

92. 扩孔不可以作为孔的(　　)方法。

(A)粗加工　　　　　(B)半精加工　　　　(C)精加工　　　　　(D)超精加工

93. 划线找正钻孔能达到的(　　)精度一般为±(0.25~0.5)mm。

(A)孔圆度　　　　　(B)孔径　　　　　　(C)孔距　　　　　　(D)孔深

94. 铰孔可以达到的公差等级为(　　)。

(A)IT7~IT9　　　　(B)IT5~IT6　　　　(C)IT11~IT13　　　(D)IT12

95. 选取铰刀直径制造公差应考虑被铰孔的公差等级、铰刀的制造公差、(　　)和孔的扩张收缩量四个方面因素。

(A)铰刀研磨备用量　　　　　　　　　　(B)铰刀的几何角度
(C)铰刀的切削速度　　　　　　　　　　(D)铰刀的直径

96. 铰刀的(　　)必须锋利,不得存在毛刺、碰伤、裂纹、剥落等缺陷。

(A)锥柄　　　　　　(B)倒锥　　　　　　(C)刃口　　　　　　(D)尺槽

97. 手动铰孔要注意变换每次铰刀的(　　),以消除铰孔振痕。

(A)铰削压力　　　　(B)停歇位置　　　　(C)铰削用量　　　　(D)铰削速度

98. 铰孔时铰刀反转会使塞在刀具后面与孔壁之间的切屑破坏已加工孔表面,或破坏(　　),甚至折断铰刀。

(A)刀刃　　　　　　(B)刀前面　　　　　(C)刀后面　　　　　(D)刀槽

99. 铰削余量选择不当会造成孔的尺寸精度、几何精度、表面质量误差,并会降低(　　)寿命。

(A)铰刀　　　　　　(B)钻床　　　　　　(C)工件　　　　　　(D)夹具

100. 用高速钢铰刀铰削铸铁材质零件进给量一般取(　　)。

(A)0.8 mm/r　　　(B)0.1 mm/r　　　(C)0.2 mm/r　　　(D)1.2 mm/r

101. 硬度高、加工性差、批量大工件铰孔时应选用(　　)铰刀。

(A)高速钢　　　　　(B)螺旋槽　　　　　(C)圆柱形　　　　　(D)硬质合金

102. 铸铁材质零件铰孔一般应使用低浓度的(　　),也可使用煤油,但会引起孔径收缩。

(A)切削油　　　　　(B)机油　　　　　　(C)乳化液　　　　　(D)水溶液

103. 套类零件钻径向通孔的主要问题是当钻下部孔时,因钻头伸出较长,钻尖在套内壁不易定心,导致孔(　　)。

(A)轴线不直和偏斜　(B)孔径变大　　　　(C)孔径变小　　　　(D)形状变扁

104. 防止套类零件钻径向通孔时轴线偏斜的方法有分度头工件翻转180°钻孔法、下部套孔壁打样冲孔钻孔法、(　　)钻孔法等。

(A)套孔内镶钻套　(B)套孔内打入圆芯　(C)套孔壁钻小孔　(D)套孔壁划线

105. 十字相交孔钻孔存在的主要问题是二孔轴线的(　　)和垂直度的问题。

(A)同轴度　　　(B)平行度　　　(C)对称度　　　(D)重合度

106. 钻相连式平底双联孔可先用短钻头钻完大孔然后再钻小孔,最后(　　)大孔底面。

(A)锪平　　　(B)铣平　　　(C)钻平　　　(D)铰平

107. 钻中部间断通孔式双联孔,在钻完上面孔后,用与上面孔紧密配合的样冲在(　　)打出样冲孔,再用样冲孔定心引钻,钻出下面孔。

(A)下端面　　　(B)上端面　　　(C)孔壁　　　(D)侧面

108. 钻上大下小、中部间断式双联孔,先钻完上面孔,然后再用与上面孔小间隙配合的(　　)钻出下面孔。

(A)加长麻花钻头　(B)深孔钻头　(C)扩孔钻头　(D)接杆钻头

109. 锪削就是用(　　)或锪刀刮平孔的端面或切出沉孔的方法。

(A)麻花钻头　　　(B)锪钻　　　(C)铰刀　　　(D)扩孔钻

110. 锪孔及锪平面有锪(　　)、锪圆柱形沉头孔和锪孔的上下端平面三种形式。

(A)深孔　　　(B)方孔　　　(C)锥形沉头孔　　　(D)螺纹孔

111. 锪孔靠锪钻主切削刃前端的(　　)与已加工孔的间隙配合进行导向。

(A)导向柱　　　(B)副切削刃　　　(C)刀齿　　　(D)前角

112. 螺纹标记 M10-7H-L 中的 M10 是螺纹代号,7H 是内螺纹(　　)代号,L 是螺纹旋合长度代号。

(A)公差带　　　　　　　(B)内孔尺寸公差标注

(C)精度　　　　　　　(D)螺距

113. 普通螺纹牙型角的角度是(　　)。

(A)$30°$　　　(B)$45°$　　　(C)$60°$　　　(D)$55°$

114. 螺距是相邻两牙在中径线上对应两点间的(　　)。

(A)轴向距离　　　(B)法向距离　　　(C)径向距离　　　(D)垂直距离

115. 用丝锥加工工件的内螺纹称为(　　)。

(A)车螺纹　　　(B)套螺纹　　　(C)梳螺纹　　　(D)攻螺纹

116. 攻螺纹时底孔直径(　　)内螺纹小径。

(A)小于　　　(B)等于　　　(C)大于　　　(D)等于或小于

117. 钻螺纹底孔要避免(　　)产生表面硬化。

(A)孔壁　　　(B)孔端面　　　(C)孔倒角处　　　(D)螺纹表面

118. 为防止反车退出丝锥损坏螺纹,机动攻通孔螺纹时,丝锥的(　　)不能全部超出螺孔。

(A)切削部分　　　(B)锥柄　　　(C)校准部分　　　(D)容屑槽

119. 攻螺纹时螺纹的大径和螺距尺寸大,(　　)应选小些,反之选大些。

(A)切削速度　　　(B)进给量　　　(C)切削深度　　　(D)背吃刀量

120. 用钻模钻孔的优点是孔的(　　)高、生产效率高、劳动强度低。

(A)表面粗糙度　　　(B)加工精度　　　(C)几何精度　　　(D)形状公差

121. 钻模上的(　　)在钻孔时对钻头起导向作用。

(A)钻套　　　　　(B)钻模板　　　　　(C)定位销　　　　　(D)夹紧元件

122. 铸铁材料硬度、强度较低;( )较大;导热率低;组织疏松,易产生铸造缺陷。

(A)脆性　　　　　(B)塑性　　　　　(C)刚性　　　　　(D)延伸性

123. 钻铸铁材料时粉末状切屑夹在钻头后面、棱边与孔壁间,会对钻头的( )产生磨损作用。

(A)前面　　　　　(B)刃口　　　　　(C)后面、棱边　　　　　(D)螺旋面

124. 大批量铸铁材料工件钻孔应使用( )材质钻头。

(A)工具钢　　　　　(B)高速钢　　　　　(C)硬质合金　　　　　(D)金属陶瓷

125. 为减轻刀刃的烧损和后面的磨损,铸铁材料钻孔应采用较大的进给量、较低的( )。

(A)机床转速　　　　　(B)切削速度　　　　　(C)走刀量　　　　　(D)切削深度

126. 充足的切削液可降低( )和冲走粉末状铸铁切屑,能延长钻头使用寿命。

(A)切削热　　　　　(B)切削力　　　　　(C)工件强度　　　　　(D)工件硬度

127. 减小主偏角,等于加大( ),可使切屑变薄,降低切削热,并改善钻头散热条件。

(A)刀尖角　　　　　(B)锋角　　　　　(C)副偏角　　　　　(D)横刃斜角

128. 铸铁群钻定心作用好、钻孔切削轻快,钻孔( )小、钻头散热条件好,可使用较大进给量。

(A)主切削力　　　　　(B)径向切削力　　　　　(C)轴向切削力　　　　　(D)切削合力

129. 铝及铝合金材料钻孔极易产生( )和切屑阻塞。

(A)碎屑　　　　　(B)热变形　　　　　(C)刀瘤　　　　　(D)夹紧变形

130. 铝及铝合金材料钻孔粗加工采用乳化液,精加工时采用( )。

(A)煤油　　　　　(B)机油　　　　　(C)水溶液　　　　　(D)汽油

131. 紫铜材料钻孔时为防止孔形不圆,钻头( )要尖、后角要小、切削速度要高。

(A)锋角　　　　　(B)刀尖角　　　　　(C)前角　　　　　(D)钻心

132. 紫铜材料钻孔时为防止孔形不圆,钻头钻心要尖、( )要小、切削速度要高。

(A)锋角　　　　　(B)刀尖角　　　　　(C)前角　　　　　(D)后角

133. 紫铜材料钻孔时为防止孔形不圆,钻头钻心要尖、后角要小、( )要高。

(A)进给量　　　　　(B)切削速度　　　　　(C)转速　　　　　(D)切削力

134. 黄铜材料强度、硬度低,钻孔时轴向阻力小,切削力作用于麻花钻头( ),将钻头下拉,产生扎刀现象。

(A)螺旋槽面　　　　　(B)后面　　　　　(C)棱边　　　　　(D)主切削刃

135. 紫铜群钻的特点是:( )尖而高,圆弧后角较小,横刃斜角较大。

(A)钻心　　　　　(B)棱边　　　　　(C)刀刃　　　　　(D)后面

136. 紫铜群钻的特点是:钻心尖而高,圆弧后角较小,( )较大。

(A)前角　　　　　(B)锋角　　　　　(C)主偏角　　　　　(D)横刃斜角

137. 黄铜群钻的特点是外缘( )磨小,棱边磨窄,横刃磨短。

(A)前角　　　　　(B)锋角　　　　　(C)主偏角　　　　　(D)横刃斜角

138. 黄铜群钻的特点是外缘前角磨小,棱边磨窄,( )磨短。

(A)主切削刃　　　　　(B)副切削刃　　　　　(C)横刃　　　　　(D)横刃斜角

139. 用游标卡尺测量孔径时一是要卡尺量脚要量在孔的直径上,二是卡尺(　　)要平行于孔的轴线。

(A)主尺　　　　(B)副尺　　　　(C)量脚　　　　(D)刻线

140. 用深度游标卡尺测量孔深时首先使副尺贴在孔的(　　)上,然后再用主尺量孔深。

(A)底面　　　　(B)端面　　　　(C)孔壁　　　　(D)侧面

141. 孔用光滑极限量规的工作通规代号为 T,用以检验孔的(　　),通过为合格。

(A)基本尺寸　　(B)最大极限尺寸　(C)最小极限尺寸　(D)公差

142. 螺纹的测量方法有综合测量法和(　　)。

(A)螺纹千分尺测量法　　　　(B)塞规

(C)三针测量法　　　　　　　(D)单项测量法

143. 用螺纹量规检验螺纹属于螺纹的(　　)。

(A)综合测量法　(B)单项测量法　(C)直接测量　　(D)间接测量

144. 普通螺纹工作塞规通规的特征是有完整的外螺纹(　　)。

(A)外径　　　　(B)螺距　　　　(C)牙型　　　　(D)牙尖

145. 普通螺纹工作塞规通规的使用规则是与内螺纹旋合(　　)。

(A)通过　　　　(B)不通过　　　(C)通过三分之一　(D)通过二分之一

146. 普通螺纹工作塞规止规的特征是有(　　)外螺纹牙型。

(A)完整的　　　(B)截短的　　　(C)间断的　　　(D)波浪状的

147. 普通螺纹工作塞规止规的使用规则允许与螺纹两端部分旋合,但不超过(　　)螺距。

(A)一个　　　　(B)两个　　　　(C)三个　　　　(D)四个

148. 钻头刃磨不对称、(　　)太大、钻床主轴松动、工件装夹不牢能造成切削振动,钻孔产生多角形。

(A)前角　　　　(B)后角　　　　(C)进给量　　　(D)锋角

149. 钻头刃磨不对称、后角太大、钻床(　　)松动、工件装夹不牢能造成切削振动,钻孔产生多角形。

(A)工作台　　　(B)导轨　　　　(C)进给箱　　　(D)主轴

150. 钻头横刃太长,定心差,会导致钻孔(　　)超差。

(A)孔径　　　　(B)孔深　　　　(C)孔距　　　　(D)孔圆度

151. 钻头横刃长、角度不对称会使钻头(　　)差,钻尖偏离钻床主轴轴线,导致钻孔歪斜。

(A)锋利性　　　(B)定心作用　　(C)导向作用　　(D)耐用性

152. 钻头(　　)太长,定心差,会导致钻孔孔距超差。

(A)横刃　　　　(B)主切削刃　　(C)副切削刃　　(D)钻心

153. 普通螺纹(　　)的特征是具有完整的外螺纹牙型。

(A)工作环规止规　　　　　　(B)工作环规通规

(C)工作塞规止规　　　　　　(D)工作塞规通规

154. 普通螺纹(　　)的功能是检验内螺纹的单一中径。

(A)工作环规止规　　　　　　(B)工作环规通规

(C)工作塞规止规　　　　　　　　　　(D)工作塞规通规

155. 普通螺纹（　　）的特征是有截短的外螺纹牙型。

(A)工作环规止规　　　　　　　　　　(B)工作环规通规

(C)工作塞规止规　　　　　　　　　　(D)工作塞规通规

156. 钻削时钻头刃口磨钝、（　　）会造成钻孔孔径减小。

(A)前角太大　　(B)前角太小　　(C)后角太大　　(D)后角太小

三、多项选择题

1. 以下（　　）属于非金属材料。

(A)玻璃钢　　(B)工程塑料　　(C)橡胶　　(D)铜

2. 钻削由以下（　　）组成。

(A)切削运动和旋转运动　　　　　　　　(B)旋转运动

(C)切削运动　　　　　　　　　　　　　(D)进给运动

3. 碳素钢的含碳量不大于 2%。按含碳量的不同可分为（　　）。

(A)合金钢　　(B)中碳钢　　(C)低碳钢　　(D)高碳钢

4. Z35 摇臂钻床是万能性机床，主要用于加工中小型零件，可以进行（　　）加工。

(A)钻孔　　(B)铰孔　　(C)扩孔　　(D)镗孔

5. 工程上常说的三视图是指主视图和（　　）。

(A)仰视图　　(B)左视图　　(C)右视图　　(D)俯视图

6. 扩孔钻有以下（　　）特点。

(A)导向性较好　　　　　　　　　　　　(B)增大进给量

(C)改善加工质量　　　　　　　　　　　(D)吃刀深度大

7. 锪孔的主要类型有（　　）。

(A)圆柱形沉孔　　　　　　　　　　　　(B)圆锥形沉孔

(C)锪孔的凸台面　　　　　　　　　　　(D)阶梯形沉孔

8. 圆锥形锪钻的锥角有（　　）。

(A)30°　　(B)60°　　(C)75°　　(D)90°

9. 柱形锪钻切削部分的结构由（　　）组成。

(A)主切削刃　　(B)前角　　(C)楔角　　(D)副切削刃

10. 铰刀选用的材料是（　　）。

(A)中碳钢　　(B)高速钢　　(C)高碳钢　　(D)铸铁

11. 锥铰刀有（　　）锥铰刀。

(A)1∶10　　(B)1∶20　　(C)1∶30　　(D)1∶50

12. 标准圆锥形铰刀其结构由（　　）组成。

(A)工作部分　　(B)颈部　　(C)柄部　　(D)前部

13. 铰削铸铁工件时应加（　　）冷却润滑。

(A)柴油　　(B)菜油　　(C)低浓度乳化液　　(D)煤油

14. 钳工常用钻孔设备有（　　）。

(A)台钻　　(B)立钻　　(C)车床　　(D)摇臂钻

15. 麻花钻的切削角度有（　　　）。
(A)顶角　　　　　(B)横刃斜角　　　　(C)后角　　　　(D)螺旋角

16. 常用钻床钻模夹具有（　　　）。
(A)固定式　　　　(B)可调式　　　　(C)移动式　　　　(D)组合式

17. 钻模夹具上的钻套一般有（　　　）几种。
(A)固定钻套　　　(B)可换钻套　　　(C)快换钻套　　　(D)特殊钻套

18. 钻削深孔时容易产生（　　　）。
(A)定位不准　　　(B)振动　　　　(C)孔的歪斜　　　(D)不易排屑

19. 金属材料变形有（　　　）。
(A)直线变形　　　(B)曲线变形　　　(C)塑性变形　　　(D)弹性变形

20. 攻丝常用的工具是（　　　）。
(A)板牙　　　　(B)板牙架　　　　(C)丝锥　　　　(D)铰手

21. 套丝常用的工具是（　　　）。
(A)圆板牙　　　(B)板牙铰手　　　(C)扳手　　　　(D)螺刀

22. 丝锥常用（　　　）制成。
(A)高速钢　　　(B)低碳钢　　　　(C)铸钢　　　　(D)碳素工具钢

23. 丝锥的几何参数主要有（　　　）。
(A)切削锥角　　　(B)前角　　　　(C)后角　　　　(D)切削刃方向

24. 标准螺纹包括（　　　）螺纹。
(A)普通　　　　(B)管　　　　　(C)梯形　　　　(D)锯齿形

25. 采用动压润滑必须具有（　　　）等条件。
(A)油楔　　　　　　　　　　(B)能注入压力油
(C)一定的运动速度　　　　　(D)润滑油有黏度

26. 测量方法误差可能是（　　　）等原因引起的。
(A)计算公式不准确　　　　　(B)测量方法选择不当
(C)工件安装不合理　　　　　(D)计量器制造不理想

27. 在测量过程中影响测量数据准确性的因素很多，其中主要有（　　　）。
(A)计量器具误差　　　　　　(B)测量方法误差
(C)标准器误差　　　　　　　(D)环境误差

28. 常用于消除系统误差的测量方法有（　　　）等。
(A)反向测量补偿法　　　　　(B)基准变换消除法
(C)对称测量法　　　　　　　(D)直接测量法

29. 装夹误差包括（　　　）。
(A)夹紧误差　　　　　　　　(B)刀具近似误差
(C)成形运动轨迹误差　　　　(D)基准位移误差

30. 在钻床上可以进行（　　　）加工。
(A)锪平面　　　(B)齿槽　　　　(C)钻孔　　　　(D)铰孔

31. 标准群钻磨出的月牙槽，将主切削刃分成三段能（　　　）。
(A)分屑　　　　　　　　　　(B)断屑

(C)使排屑流畅　　　　　　　　　　(D)减少热变形

32. 钻削特殊孔包括(　　)。

(A)精密孔　　　　(B)小孔　　　　(C)深孔　　　　(D)多孔

33. 钻精密孔需采取以下(　　)措施。

(A)改进钻头切削部分几何参数　　　(B)选择合适的切削用量

(C)改进加工环境　　　　　　　　　(D)提高切削液质量

34. 钻小孔的加工特点是(　　)。

(A)加工直径小　　　　　　　　　　(B)排屑困难

(C)切削液很难注入切削区　　　　　(D)刀具重磨困难

35. 在斜面上钻孔,可采取(　　)的措施。

(A)铣出一个平面　　　　　　　　　(B)车出一个平面

(C)錾出一个小平面　　　　　　　　(D)锯出一个平面

36. 加工某钢质工件上的 $\phi 20H8$ 孔,要求 Ra 为 $0.8\ \mu m$,常选用(　　)等加工方法。

(A)钻—扩—粗铰—精铰　　　　　　(B)钻—拉

(C)钻—扩—镗　　　　　　　　　　(D)钻—粗镗(或扩)—半精镗—磨

37. 圆锥销为 1:50 锥度,使用特点有(　　)。

(A)可自锁　　　(B)定位精度较高　　(C)允许多次装拆　　(D)不便于拆卸

38. 螺栓按螺距分为(　　)。

(A)普通　　　　(B)细扣　　　　(C)英制　　　　(D)管螺纹

39. 润滑剂的选择正确的是(　　)。

(A)作用力大、温度高、载荷冲击变动大使用黏度大的润滑油

(B)粗糙或未经跑合的表面,使用黏度较高的润滑油

(C)冬季使用黏度较大的润滑油

(D)夏季使用黏度较小的润滑油

40. 零件图上的技术要求包括(　　)。

(A)表面粗糙度　　(B)尺寸公差　　(C)热处理　　　(D)表面处理

41. 刀具的非正常磨损包括(　　)。

(A)前刀面磨损　　(B)卷刃　　　　(C)破损　　　　(D)后刀面磨损

42. 在机械制造中使用夹具有以下(　　)等优点。

(A)能保证工件的加工精度　　　　　(B)减少辅助时间,提高生产效率

(C)扩大了通用机床的使用范围　　　(D)能使低等级技术工人完成复杂的施工任务

43. 切削塑性金属材料时,切削层的金属往往要经过以下(　　)阶段。

(A)挤压　　　　(B)滑移　　　　(C)挤裂　　　　(D)切离

44. 刀具切削部分的材料应具备如下(　　)等性质。

(A)高的硬度　　　　　　　　　　　(B)足够的强度和韧性

(C)高的耐磨性　　　　　　　　　　(D)良好的工艺性

45. 常用的刀具材料有(　　)。

(A)碳素工具钢　　(B)软质工具钢　　(C)高速工具钢　　(D)合金工具钢

46. 影响刀具寿命的主要因素有(　　)。

（A）工件材料　　　　　（B）刀具材料　　　　　（C）刀具的几何参数　（D）切削用量

47. 零件加工精度包括（　　）。

（A）绝对位置　　　　　（B）尺寸　　　　　　　（C）几何形状　　　　（D）相对位置

48. 砂轮是由（　　）粘结而成的。

（A）磨料　　　　　　　（B）特殊粘结剂　　　　（C）石头　　　　　　（D）胶水

49. 刀具磨钝标准分（　　）两种。

（A）粗加工磨钝标准（B）精加工磨钝标准（C）加工标准　　　　（D）磨钝标准

50. 在切削过程中，工件上形成（　　）三个表面。

（A）粗表面　　　　　　（B）待加工表面　　　　（C）加工表面　　　　（D）已加工表面

51. 工件的装夹包括（　　）两个内容。

（A）定位　　　　　　　（B）上装　　　　　　　（C）下装　　　　　　（D）夹紧

52. 在机械中销连接主要作用是（　　）。

（A）锁定零件　　　　　（B）定位　　　　　　　（C）连接　　　　　　（D）分离

53. 刀具常用的切削材料有（　　）。

（A）高速钢　　　　　　（B）硬质合金钢　　　　（C）碳素工具钢　　　（D）Q235 钢

54. 工艺系统的几何误差是指（　　）。

（A）操作误差　　　　　（B）机床误差　　　　　（C）刀具误差　　　　（D）夹具误差

55. 影响切削力的因素有（　　）。

（A）切削速度　　　　　（B）工件材料　　　　　（C）切削用量　　　　（D）刀具几何参数

56. 刀具磨损的原因有（　　）。

（A）机械磨损　　　　　（B）腐蚀磨损　　　　　（C）撞击磨损　　　　（D）热效应磨损

57. 常用螺纹连接的基本形式有（　　）。

（A）螺栓　　　　　　　（B）双头螺柱　　　　　（C）螺旋铆钉　　　　（D）螺钉

58. 夹具常用的定位元件有（　　）。

（A）支承板　　　　　　（B）定位衬套　　　　　（C）V 形架　　　　　（D）定位销

59. 常用的夹紧元件有（　　）。

（A）螺母　　　　　　　（B）压板　　　　　　　（C）T 形槽　　　　　（D）支承钉

60. 切削力可以分解为（　　）。

（A）法向力　　　　　　（B）切向力　　　　　　（C）径向力　　　　　（D）轴向力

61. 润滑剂的种类有（　　）。

（A）润滑油　　　　　　（B）润滑脂　　　　　　（C）固体润滑剂　　　（D）润滑液

62. 常用的热强钢有（　　）。

（A）马氏体钢　　　　　（B）奥氏体钢　　　　　（C）洛氏体钢　　　　（D）莫氏体钢

63. 塑料应用较多的是（　　）。

（A）聚四氟乙烯　　　　（B）聚乙烯　　　　　　（C）聚氯乙烯　　　　（D）尼龙

64. 生产线的零件工序检验有（　　）。

（A）自检　　　　　　　（B）他检　　　　　　　（C）抽检　　　　　　（D）全检

65. （　　）是提高劳动生产率的有效方法。

（A）改进工艺　　　　　（B）增加人　　　　　　（C）增加设备　　　　（D）改进机床

66. 切削液可分为（　　）。

(A)水溶液　　　　(B)切削剂　　　　(C)乳化液　　　　(D)油液

67. 切削液的作用有（　　）。

(A)冷却　　　　　(B)润滑　　　　　(C)洗涤　　　　　(D)排屑

68. 生产类型可分为（　　）。

(A)少量生产　　　(B)单件生产　　　(C)成批生产　　　(D)大量生产

69. 广泛应用的视图有（　　）。

(A)主视图　　　　(B)俯视图　　　　(C)左视图　　　　(D)仰视图

70. 金属材料分为（　　）。

(A)黑色金属　　　(B)红色金属　　　(C)有色金属　　　(D)钢铁金属

71. 相关原则是图样上给定的（　　）两个相互有关的公差原则。

(A)形位公差　　　(B)相位公差　　　(C)尺寸公差　　　(D)尺寸偏差

72. 在切削时冲注切削液,切削液的作用为（　　）。

(A)清洗作用　　　(B)冷却作用　　　(C)润滑作用　　　(D)防锈作用

73. 铰刀根据加工孔的形状分为（　　）。

(A)菱形　　　　　(B)正方形　　　　(C)圆柱形　　　　(D)圆锥形

74. 夹具中夹紧部分的作用有（　　）。

(A)将动力源转化为夹紧力　　　　　　(B)将旋转力转化为夹紧力矩

(C)改变原动力方向　　　　　　　　　(D)改变原动力大小

75. 位置公差中平行度符号是（　　）。

(A)⊥　　　　　　(B)∥　　　　　　(C)◎　　　　　　(D)＋

76. 可以用来测量工件内孔尺寸的量具有（　　）。

(A)游标卡尺　　　(B)内径千分尺　　(C)杠杆百分表　　(D)角度尺

77. 为提高钻头切削部分的切削性能,可以（　　）。

(A)增大前角　　　(B)减小后角　　　(C)加长横刃　　　(D)采用群钻形式

78. 可造成钻头产生折断的原因,有（　　）。

(A)装夹不牢固　　(B)扎刀现象　　　(C)进给量太小　　(D)钻头崩刃

79. 在利用麻花钻钻孔时,提高钻头的强度和刚度,可采取的方法有（　　）。

(A)钻头的螺旋槽内螺旋角增大　　　　(B)加长钻头的导向部分长度

(C)加粗钻心直径　　　　　　　　　　(D)加大钻头倒锥角度

80. 为提高麻花钻切削性能,以下正确的操作是（　　）。

(A)减小前角的角度　　　　　　　　　(B)增大后角

(C)修磨横刃,使之形成的内刃前角增大　(D)采用群钻的结构形式

81. 钻孔时,产生孔壁粗糙的原因有（　　）。

(A)钻头不锋利　　　　　　　　　　　(B)后角太小

(C)进刀量太大　　　　　　　　　　　(D)冷却不足,冷却液润滑差

82. 钻精密孔时,改进钻头的正确方法是（　　）。

(A)后角不宜过大,控制其大小　　　　(B)磨出负刃倾角

(C)磨宽刃带　　　　　　　　　　　　(D)磨出第二锋角,且角度小于75°

83. 利用麻花钻钻孔时,如出现孔径增大,产生的原因可能有(　　)。
(A)钻头左右切削刃不对称　　　　(B)钻头横刃太短
(C)钻头弯曲　　　　　　　　　　(D)进给太大

84. 按照量具的用途和特点,可将其分为(　　)等几种类型。
(A)万能　　　　(B)标准　　　　(C)通用　　　　(D)专用

85. 游标卡尺按其精度,可分为以下(　　)几种。
(A)0.1 mm　　　(B)0.05 mm　　　(C)0.02 mm　　　(D)0.01 mm

86. 测量误差可分为(　　)等几类。
(A)系统误差　　　(B)随机误差　　　(C)粗大误差　　　(D)精度误差

87. 任何工件的几何形状都是由(　　)构成的。
(A)点　　　　(B)线　　　　(C)面　　　　(D)体

88. 选择铰削余量时,应考虑铰孔的精度以及(　　)和铰刀的类型等因素的综合影响。
(A)孔深度　　　(B)孔径大小　　　(C)材料软硬　　　(D)表面粗糙度

89. 尺寸链按应用情况可分为(　　)。
(A)基本尺寸链　　　(B)工艺尺寸链　　　(C)装配尺寸链　　　(D)零件尺寸链

90. 下列立体的表面属于展面的是(　　)。
(A)球面　　　　(B)锥面　　　　(C)柱面　　　　(D)螺旋面

91. 为保证机械或工程构件的正常工作,构件应满足(　　)要求。
(A)强度　　　　(B)刚度　　　　(C)塑性　　　　(D)稳定性

92. 常用的铸铁性能优点有(　　)。
(A)抗拉强度高,冲击韧性好　　　　(B)良好的铸造性能
(C)可加工性能好　　　　　　　　　(D)良好压力加工性能

93. 锉刀分为(　　)等几类,按其规格分为锉刀的尺寸规格和锉纹的粗细规格。
(A)普通锉刀　　　(B)钳工锉刀　　　(C)特种锉刀　　　(D)整形锉刀

94. 钻小孔的加工特点是(　　)。
(A)加工直径小　　　　　　　　　　(B)排屑困难
(C)切削液很难注入切削区　　　　　(D)刀具重磨困难

95. 切削加工过程中,工件上形成(　　)等几个表面。
(A)工件表面　　　(B)切削表面　　　(C)主表面　　　(D)进给表面

96. 立体划线时,工件的支承与安放方式决定于(　　)。
(A)工件形状　　　(B)装配方向　　　(C)装配次序　　　(D)工件大小

97. 利用分度头可在工件上划出(　　)或不等分线。
(A)水平线　　　(B)垂直线　　　(C)倾斜线　　　(D)等分线

98. 对于大型工件的划线,当第一划线位置确定后,应选择大而平直的面,作为安置基面,以保证划线时(　　)。
(A)准确　　　　(B)平稳　　　　(C)安全　　　　(D)简易

99. 常用划线基准种类有(　　)。
(A)以两个互相垂直的平面为基准　　　(B)以两个平面为基准
(C)以一个平面与一个中心平面为基准　(D)以两个互相垂直的中心平面为基准

100. 螺纹的牙型包括（　　）形和圆形等。

(A)三角　　　　　(B)梯　　　　　(C)矩　　　　　(D)锯齿

四、判　断　题

1. 当投影线互相平行，并与投影面也平行时，物体在投影面上所得的投影，称为正投影。
（　　）

2. 在三视图中，俯视图与左视图宽度相等。（　　）

3. 设计给定的尺寸叫作极限尺寸。（　　）

4. 允许尺寸的变动量，称为尺寸公差。（　　）

5. 配合分为间隙配合、过盈配合和过渡配合三种。（　　）

6. 形位公差是指零件的表面形状和相互位置的误差。（　　）

7. 形位公差代号的框格内标出"$\equiv$"时，表示对工件此部位有位置度要求。（　　）

8. 表面粗糙度是指加工表面具有的较小间距和微小峰谷所组成的微观几何形状特性。
（　　）

9. 符号"$\overset{3.2}{\bigtriangledown}$"表示用去除材料方法获得的表面，$Ra$ 的最大允许值为 3.2 μm。（　　）

10. Q235-A 是碳素结构钢的牌号。（　　）

11. 热处理的目的是用控制金属加热温度或冷却速度的方法来改变金属材料的组织和性能。（　　）

12. 橡胶、工程塑料和汞都属于非金属材料。（　　）

13. 带传动适用于两传动轴中心距较小的场合。（　　）

14. 在带传动中，带轮包角一般不小于 60°。（　　）

15. 立式钻床只能用于钻孔。（　　）

16. 金属切削机床的名称是用汉语拼音的第一个大写字母表示的。（　　）

17. 在切削过程中切削刃正在切削的工件表面称为已加工表面。（　　）

18. 切削过程中的运动分为主运动和进给运动。（　　）

19. 刀具材料在高温条件下，能保持足够的硬度、强度、韧性及耐磨性的能力称为冷硬性。
（　　）

20. 刀具的主切削刃与前面的夹角称为刃倾角。（　　）

21. 铣床是以多齿刀具的旋转运动作为主运动、工件的直线运动做进给运动来进行加工的。（　　）

22. 机床润滑剂可分为润滑油、润滑脂和固体润滑剂三种。（　　）

23. 切削液分为切削油、乳化液和水溶液三大类。（　　）

24. 液压传动是由液压元件利用液体作为工作介质，靠液体的压力传递运动和功率的一种传动方式。（　　）

25. 常用游标类量具的读数值有 0.001、0.02 和 0.05 三种。（　　）

26. 游标类量具使用时推力过大，会使游标摆动，造成测量误差。（　　）

27. 机床夹具的主体元件是定位元件。（　　）

28. 常用手持电动工具有手电钻、电磨头和电动曲线锯。（　　）

29. 方箱用于支承毛坯面或不规则表面,进行划线时的找正。(　　)

30. 毛坯表面划线应使用白灰水、白垩或粉笔做划线涂料。(　　)

31. 工件划线后要检查,打样冲孔。(　　)

32. 錾子分狭錾和油槽錾两种。(　　)

33. 锉削可以加工光整平面、曲面、内圆、深槽和各种形状复杂表面。(　　)

34. 锯削可以切断各种材料或半成品。(　　)

35. 通用设备常用低压控制电器有接触器、继电器、主令电器、控制器和电磁铁等。(　　)

36. 以电力为动力来拖动生产机械的拖动方式称作电力拖动。(　　)

37. 电力拖动由电动机、传动机构和控制设备等基本环节组成。(　　)

38. 通用设备电动机的额定电压主要是 220 V。(　　)

39. 我国规定的安全电压为 36 V。(　　)

40. 为了保持电器清洁,要经常用水冲刷电器设备。(　　)

41. 现场文明生产的"5S"活动包括:整理、整顿、清洁、清扫和素养。(　　)

42. 为了保证自身清洁卫生、做到文明生产,机床操作工要穿大褂式工作服工作。(　　)

43. 钻削过程中不准直接用手去清理切屑。(　　)

44. 固体废弃物分为有毒有害废弃物和危险化学品废弃物两种。(　　)

45. 职业道德的载体包括职业理想、职业态度、职业技能、职业纪律和职业作风。(　　)

46. 企业质量方针是企业每一个职工在开展质量管理活动中所必须遵守和依从的行动指南。(　　)

47. 岗位质量要求可以明确企业每一个人在质量工作上的具体任务、责任和权利。(　　)

48. 岗位质量保证措施要求从业者应严格按照技术图纸、工艺规程进行生产。(　　)

49. 接受职业技能培训是劳动者应享受的权利之一。(　　)

50. 劳动保护和劳动条件不包括在劳动合同条款之内。(　　)

51. 劳动合同的解除,是指当事人双方提前终止劳动合同的法律效力,解除双方的权利义务关系。(　　)

52. 剖面表达的是零件端面的形状,因而零件图只画出剖面图即可,与投影的方向无关。(　　)

53. 读零件图时先明确三个方向的尺寸基准,然后找出各组成部分的定型尺寸、定位尺寸和零件的整体尺寸。(　　)

54. 零件的真实大小以图样尺寸为准,而与图形的大小及绘图的准确性无关。(　　)

55. 螺纹的牙顶用细实线表示,牙底用粗实线表示。(　　)

56. 齿轮的齿顶圆用点划线绘制,齿顶线用粗实线绘制。(　　)

57. 钻床是使用回转体类刀具进行孔的加工,因而无法进行镗孔。(　　)

58. 精加工一般是在粗加工之后再进行的。(　　)

59. 改变生产对象的形状、尺寸、相对位置等,使其成为成品或半成品的过程就是工艺规程。(　　)

60. 机械加工工艺过程卡片是属于工艺文件的一种。(　　)

61. 钻头、丝锥都是刀具,所以不包括在工装范围之内。(　　)

62. 切削速度 v 就是切削时刀具的旋转速度。(　　)

63. 合理使用切削液,可减小切削变形和摩擦,降低切削功率和切削力,提高工件表面质量和刀具寿命。(　　)

64. 常用切削液可分切削油、乳化液和水溶液三大类。(　　)

65. 装夹就是将工件装在机床上或夹具中并进行夹紧。(　　)

66. 快换钻卡头是钻床夹具的一种。(　　)

67. 组成一个夹具,定位元件或定位装置、夹紧元件或夹紧装置、夹具体是必须具备的,而引导刀具元件、辅助元件或辅助装置则要根据夹具的作用而定。(　　)

68. 钻卡头是钻床常用夹具。(　　)

69. 通用夹具能适用多种零件加工时装夹使用。(　　)

70. 仅适用于某一种工件或某一道工序装夹的夹具是专用夹具。(　　)

71. 夹紧的作用就是使机床上或夹具中的工件在加工中不产生松动。(　　)

72. 找正是指用工具或仪表根据工件上有关基准,找出工件在划线、加工或装配时的正确位置的过程。(　　)

73. 圆拉刀也是孔加工刀具。(　　)

74. 标准麻花钻头的横刃是由钻心与后刀面构成的。(　　)

75. 标准麻花钻头的副偏角就是钻头制造时形成的"倒锥"。(　　)

76. 麻花钻头的螺旋槽因其导程是固定的,所以钻头不同半径处的螺旋角是不同的,其值随着直径增大而增大。(　　)

77. 硬质合金铰刀适应于硬度较高、加工性较差、生产批量大的工件的铰孔。(　　)

78. 扩孔是在已有的基础上将孔扩大,所以扩孔钻在结构上没有导向部分。(　　)

79. 丝锥的切削部分作成锥形,是为了将切削余量及切削负荷均匀的分配到全部刀齿和便于攻入工件。(　　)

80. 丝锥容屑槽的形状只会影响切削的形成和排出,与前角无关。(　　)

81. 与手用丝锥相比,机用丝锥的切削部分较长。(　　)

82. 机用丝锥切削速度较高,一般用硬质合金制造。(　　)

83. 代号为 H4 的丝锥可以用来攻 4H、5H 公差带等级的内螺纹。(　　)

84. 刃磨高速钢麻花钻头一般选用中软硬度、粒度 $60\sim80$ 的白刚玉砂轮。(　　)

85. 标准钻套的外锥体的莫氏锥度比内锥孔莫氏锥度号大一个号。(　　)

86. 攻螺纹时浮动夹头可防止丝锥折断。(　　)

87. 机床精度的丧失也就缩短了机床的使用寿命。(　　)

88. 钻床在加工使用前先开机试运转可防止设备事故的发生。(　　)

89. 机床运动部件长时间停在工作位置,其重力会导致机床部件变形。(　　)

90. 台式钻床的头架可进行沿圆立柱上下移动和绕圆立柱回转调整。(　　)

91. 钻床一级保养只对钻床润滑冷却系统进行清洗并更换油线、油毡就可以了。(　　)

92. 钻通孔将要钻透时钻头容易产生轴向窜动。(　　)

93. 钻通孔将要钻透时应由手动进给变为机动进给。(　　)

94. 钻孔试钻时如果孔产生偏,可改用大一些的钻头纠偏,然后再钻孔。(　　)

95. 钻孔时只有在主切削刃全部切入工件后才能由机动进给变为手动进给。(　　)

96. 钻孔时试钻、引钻都可以采用机动进给。(　　)

97. 当钻孔深度达孔径 0.5 倍以上后,要多次退出钻头进行排屑。(　　)

98. 钻不通孔时,产生的主要问题是断屑不容易控制。(　　)

99. 圆柱表面钻孔容易产生的主要问题是孔的中心对工件中心的垂直度超差。(　　)

100. 圆柱表面钻孔中心对工件中心的对称度超差的主要原因是孔的划线中心或钻头轴线不在工件断面中心垂线上。(　　)

101. 装夹圆柱工件时,使 V 型块的 V 槽中心位于钻床主轴轴线上,可保证钻孔中心对工件中心的对称度。(　　)

102. 扩孔是用扩孔工具扩大工件孔径的方法。(　　)

103. 扩孔可以作为孔的半精加工方法,但不能作为孔的精加工方法。(　　)

104. 划线找正钻孔能达到的孔径精度一般为 $\pm(0.25\sim0.5)$mm。(　　)

105. 划线找正、使用钻模都可以控制孔距加工精度。(　　)

106. 铰孔可以达到的公差等级为 IT12。(　　)

107. 铰刀的刃口必须锋利,不得存在毛刺、碰伤、裂纹、剥落等缺陷。(　　)

108. 铰孔时工件预加工孔必须与钻床主轴锥孔同轴。(　　)

109. 手动铰孔要注意变换每次铰刀的铰削压力,以消除铰孔振痕。(　　)

110. 铰孔时铰刀反转会使铰刀对孔产生挤压作用,有利于提高孔的表面质量。(　　)

111. 用高速钢铰刀铰削铸铁材质零件进给量一般取 0.8 mm/r;铰削钢件进给量一般取 0.4 mm/r。(　　)

112. 高速钢铰刀适用于硬度高、加工性差、批量大工件的铰孔。(　　)

113. 分度头工件翻转 180°钻孔法、下部套孔壁打样冲孔钻孔法、套孔内打入圆芯钻孔法都可防止套类零件钻通孔轴线偏斜。(　　)

114. 二孔轴线的平行度是十字相交孔钻孔存在的主要问题。(　　)

115. 十字相交孔垂直度的控制方法有划线找正钻孔法、钻模钻孔法、分度头分度钻孔法等。(　　)

116. 划线找正钻孔法、钻模钻孔法、分度头分度钻孔法可以控制十字钻孔的几何精度。(　　)

117. 双联孔钻完上面大孔后,钻小孔的钻头伸出太长,没有导向,下面的孔不便于划线和打样冲孔,钻孔容易偏斜。(　　)

118. 钻相连式平底双联孔可先用短钻头钻完大孔,然后锪平大孔底面,最后再钻小孔。(　　)

119. 钻中部间断通孔式双联孔,在钻完上面孔后,用与上面孔紧密配合的样冲在下端面打出样冲孔,再用样冲孔定心引钻,钻出下面孔。(　　)

120. 钻上大下小、中部间断式双联孔,先钻完上面孔,然后再用与上面孔小间隙配合的扩孔钻头钻出下面孔。(　　)

121. 锪削就是用锪钻或锪刀刮平孔的端面或切出沉孔的方法。(　　)

122. 锪孔是靠锪钻主切削刃前端的导向柱与已加工孔的间隙配合进行导向的。(　　)

123. 锪孔时锪刀的刃磨、工件和刀具的装夹、进给的用力都要考虑防止切削振动的产生。(　　)

124. 普通螺纹牙型角的角度是 55°。(　　)

125. 螺纹圆柱中径通过处牙型上的沟槽与凸起宽度相等。(　　)

126. 相邻两牙在中径线上对应两点间的轴向距离称为导程。（　　）

127. 用丝锥加工工件内螺纹的方法称为攻螺纹。（　　）

128. 攻螺纹时的底孔直径也就是内螺纹小径。（　　）

129. 攻螺纹时工件材料的部分金属被挤入螺纹底孔与丝锥牙底的间隙处,如底孔等于小径,丝锥将被塞住无法工作。（　　）

130. 攻螺纹时工件材料的部分金属被挤入螺纹底孔与丝锥牙底的间隙处,如底孔大于小径,丝锥将被塞住无法工作。（　　）

131. 钻螺纹底孔要避免孔壁产生表面硬化。（　　）

132. 丝锥及时反转退出断屑,可防止折断丝锥。（　　）

133. 攻螺纹时螺纹的大径和螺距大,进给量应选小些,反之选大些。（　　）

134. 钻模上的钻套在钻孔时对钻头起导向作用。（　　）

135. 钻铸铁材料时粉末状切屑夹在钻头后面、棱边与孔壁间,会对钻头的前面产生磨损作用。（　　）

136. 铸铁材料钻孔切削力和切削热都作用于靠近刀刃的前面上,所以刀刃易烧损。（　　）

137. 为减轻刀刃的烧损和后面的磨损,铸铁材料钻孔应采用较高的切削速度、较低的进给量。（　　）

138. 充足的切削液可降低切削热和冲走粉末状铸铁切屑,能延长钻头使用寿命。（　　）

139. 减小主偏角,等于加大刀尖角,可使切屑变薄,降低切削热,并改善钻头散热条件。（　　）

140. 铸铁群钻定心作用好、钻孔切削轻快,钻孔轴向切削力小、钻头散热条件好,可使用较大进给量。（　　）

141. 紫铜材料钻孔容易发生孔形不圆,呈多角形,孔上部扩大等问题。（　　）

142. 黄铜材料钻孔存在的突出问题是钻孔时产生扎刀现象。（　　）

143. 黄铜材料钻孔存在的突出问题是钻孔时产生刀瘤。（　　）

144. 用游标卡尺测量孔径时只要卡尺量脚量在孔的直径上就可以了,与量脚的角度无关。（　　）

145. 用深度游标卡尺测量孔深时首先使副尺贴在孔的端面上,然后再用主尺量孔深。（　　）

146. 孔用光滑极限量规的工作通规代号为 T,用以检验孔的最大极限尺寸,通过为合格。（　　）

147. 机械加工表面粗糙度比较样块用于工件机械加工表面粗糙度的对比测量。（　　）

148. 用螺纹量规检验螺纹属于螺纹的单项测量法。（　　）

149. 普通螺纹工作塞规通规是检验外螺纹的作用中径和大径的。（　　）

150. 普通螺纹工作塞规通规的特征是有完整的外螺纹牙型。（　　）

151. 普通螺纹工作塞规通规的使用规则是与内螺纹旋合通过。（　　）

152. 普通螺纹工作塞规止规的功能是检验内螺纹的作用中径。（　　）

153. 普通螺纹工作塞规止规的特征是有截短的外螺纹牙型。（　　）

154. 钻心偏、主切削刃不对称也就等于钻头直径的增大,因而造成钻孔孔径的增大。（　　）

155. 钻头刃磨不对称、后角太大、钻床主轴松动、工件装夹不牢都能造成钻孔孔径增大。

（　　）

156. 钻孔时如切削液选用不当或供应不足,就不能达到冷却、润滑的目的,造成孔壁粗糙。（　　）

五、简答题

1. 简述职业守则包括的基本内容。

2. 什么是表面粗糙度?

3. 简述常用钻床的分类及用途。

4. 机床操作工个人的安全防护措施有哪些?

5. 钻床操作工的安全操作常识有哪些?

6. 简述固体废弃物的种类。

7. 简述企业质量方针的概念。

8. 简述岗位质量要求的作用。

9. 简述岗位质量保证措施应包括的内容。

10. 简述劳动者的八种权利。

11. 简述劳动合同的内容。

12. 简述劳动合同解除的规定。

13. 怎样分析零件图的视图?

14. 简单零件的表达方法是什么?

15. 什么是工艺文件? 它包括文件的种类有哪些?

16. 什么是基准? 基准分几大类?

17. 什么是工序余量?

18. 怎样选择钻孔切削用量?

19. 一般机床夹具由哪些部分组成?

20. 钻床常用通用夹具的适用范围是怎样的?

21. 什么是工件的定位和夹紧?

22. 使用螺栓、压板、垫板装夹工件的基本要求是什么?

23. 标准麻花钻头由哪几部分组成? 各部分有何作用?

24. 按使用方式分铰刀的种类及其适用范围是怎样的?

25. 铰刀刀齿在圆周的分布形式有几种? 各有何特点?

26. 常用锪钻有几种? 各有何用途?

27. 螺旋槽丝锥有何优点?

28. 麻花钻头刃磨时应注意哪些问题?

29. 麻花钻头刃磨对钻孔的作用有哪些?

30. 常用机动攻螺纹夹头有哪几种? 作用如何?

31. 工作中怎样注意钻床的维护保养?

32. 钻不通孔时怎样控制钻孔深度?

33. 影响圆柱表面钻孔的中心对工件中心的对称度超差的主要原因有哪些?

34. 扩孔加工有哪些特点?

35. 与钻孔相比扩孔加工有哪些特点？

36. 钻孔孔距的一般控制方法有哪些？

37. 选取铰刀直径制造公差应考虑哪些因素？

38. 检查铰刀切削刃外观质量时，应注意哪些问题？

39. 机动铰孔的操作要点有哪些？

40. 铰孔时铰刀反转会产生哪些问题？

41. 铰削余量选择不当对铰孔有何影响？

42. 铸铁材质零件铰孔应使用何种切削液？

43. 套类零件钻径向孔存在哪些问题？

44. 防止套类零件钻通孔轴线偏斜的方法有哪些？

45. 常见双联孔钻孔存在的主要问题是什么？

46. 锪孔及锪平面有哪三种形式？

47. 锪孔时应注意哪些问题？

48. 简答出普通螺纹完整螺纹标记 M10×1-7H-L 各部分表示的内容。

49. 螺纹中径的定义是什么？

50. 防止攻螺纹丝锥折断的措施有哪些？

51. 为什么机动攻通孔螺纹时丝锥的校准部分不能超出螺孔？

52. 用钻模钻孔有哪三个优点？

53. 铸铁材料有哪些特点？

54. 选用硬质合金钻头钻铸铁材质工件有何优点？

55. 铸铁材料钻孔时减小钻头主偏角有何好处？

56. 铝及铝合金材料钻孔容易产生哪些问题？

57. 铝及铝合金材料钻孔刀瘤是怎样产生的？

58. 铝及铝合金材料钻孔粗、精加工各选用何种切削液？

59. 紫铜材料钻孔容易发生哪些问题？

60. 黄铜材料钻孔存在的突出问题是什么？

61. 紫铜群钻的特点是什么？

62. 黄铜群钻的特点是什么？

63. 机械加工表面粗糙度比较样块的用途是什么？

64. 螺纹的测量方法有哪两种？

65. 普通螺纹工作塞规通规的功能与代号是什么？

66. 普通螺纹工作塞规止规的功能与代号是什么？

67. 普通螺纹工作塞规止规的使用规则是什么？

68. 钻孔孔径增大，属于钻头的原因有哪些？

69. 钻孔孔径减小，属于钻头的原因有哪些？

六、综 合 题

1. 在图 1 中标注尺寸：外形长度尺寸 50 mm；宽度尺寸 30 mm；上部缺口长 18 mm、宽 10 mm；两个孔直径 10 mm、孔距 30 mm，孔中心到上边线距离尺寸 20 mm。并用箭头指出尺

寸界线、尺寸线、尺寸数字。(预留 1/3 页面画图)

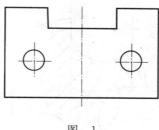

图 1

2. 工件孔径 D 为 48 mm,精加工采用铰刀铰孔,铰削工序余量 Δ 为 0.3 mm,计算铰孔前一工序的工序尺寸 D_1。

3. 已知钻头直径尺寸 $d=12$ mm,高速钢麻花钻头使用切削速度 $v=19.97$ m/min,计算钻床转速 n。

4. 在钻床钻 $\phi 20$ mm 孔,高速钢麻花钻头使用切削速度 $v=20$ m/min,计算钻床转速 n。

5. 论述手持工件钻孔时的定位、夹紧原理。

6. 以毛坯孔为基准找正后镗孔。毛坯孔孔径 $D=50$ mm,钻床主轴心轴直径 $d=20$ mm,现测得心轴外圆与孔壁间尺寸 L 为 16.5 mm,计算工件对钻床主轴中心的调整量 e。

7. 将标准麻花钻头的前角 γ_0、后角 α_0、横刃斜角 Ψ、锋角 2Φ、主偏角 k_r、副偏角 k_r' 标注到图 2 中。

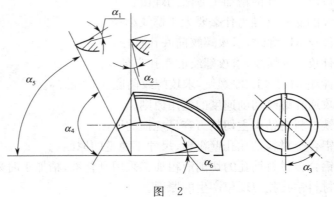

图 2

8. 看丝锥结构图,在图 3 右侧的数字代号 1、2、3、4 后面填入丝锥的结构要素。

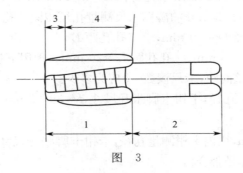

图 3

9. 看丝锥断面结构图,在图 4 右侧代号 1、2 的后面填入丝锥的前角、后角。

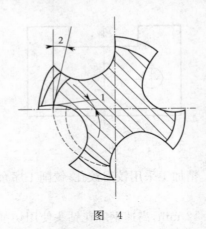

图 4

10. 论述麻花钻头的修磨对钻孔的重要性。

11. 论述调整台式钻床头架位置时先调整保险环的必要性。

12. 论述利用锥形定心体找正 V 型块保证圆柱工件表面钻孔对称度方法的原理。

13. 已知要求扩孔后孔径 $D=45$ mm,扩孔前孔径 $d=30$ mm,求背吃刀量 α_p。

14. 已知背吃刀量 $\alpha_p=7.5$ mm,扩孔后孔径 $D=45$ mm,求扩孔前孔径 d。

15. 已知要求扩孔后孔径 $D=42$ mm,扩孔前孔径 $d=30$ mm,求背吃刀量 α_p。

16. 论述扩孔可以作为孔的精加工方法的理由。

17. 论述攻螺纹的底孔直径为什么要大于螺纹小径?

18. 在铸铁工件攻 M6 螺纹,求攻螺纹前底孔直径 d_T。

19. 在铸铁工件攻 M8 螺纹,求攻螺纹前底孔直径 d_T。

20. 在铸铁工件攻 M12×1.25 螺纹,求攻螺纹前底孔直径 d_T。

21. 论述机动攻通孔螺纹切削速度的选用原则。

22. 论述钻铸铁材料时钻头主切削刃容易烧损的原因。

23. 论述铝及铝合金材料钻孔孔壁粗糙、尺寸不稳定的原因。

24. 论述铝及铝合金材料钻孔的切削液粗加工采用乳化液,精加工时采用煤油的理由。

25. 论述黄铜材料钻孔扎刀现象产生的原因。

26. 用下量脚宽度 T 为 10 mm 的游标卡尺测量大小二孔外侧的孔壁间距,卡尺读数 M 为 38 mm,已知大孔直径 $D=24$ mm,小孔直径 $d=20$ mm,求二孔孔距 L。

27. 用下量脚宽度 T 为 10 mm 的游标卡尺测量孔径相同二孔外侧的孔壁间距,卡尺读数 M 为 32 mm,已知二孔直径 $D=20$ mm,求二孔孔距 L。

28. 已知二孔直径 $D=20$ mm,二孔孔距 $L=20$ mm。现用下量脚宽度 T 为 10 mm 的游标卡尺测量二孔外侧的孔壁间距,卡尺读数 M 应为多少?

29. 图 5 用内卡钳测量孔径,卡钳卡脚张开尺寸 $d=39.92$ mm,卡脚摆动量 $S=6$ mm,计算孔径尺寸 D。

30. 钻孔 $\phi 40^{+0.05}_{0}$ mm,用内卡钳测量孔径,卡钳卡脚张开尺寸 $d=39.92$ mm,卡脚摆动量 $S=6$ mm,计算孔径尺寸是否合格?

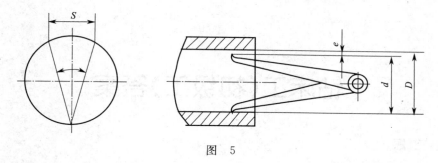

图 5

31. 按图 6 量孔径,卡钳卡脚张开尺寸 d＝29.92 mm,卡脚摆动量 S＝4 mm,计算孔径尺寸 D。

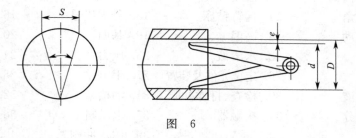

图 6

32. 论述钻头钻心偏,主切削刃不对称造成钻孔孔径增大的原因。

33. 论述钻头刃口磨钝,后角太小造成钻孔孔径减小的原因。

34. 论述钻头横刃长、角度不对称造成钻孔歪斜的原因。

35. 论述切削液选择不当或供给不足对钻孔孔壁表面粗糙度的影响。

钻床工(初级工)答案

一、填空题

1. 垂直	2. 宽度	3. 尺寸公差	4. 过渡配合
5. 形位公差	6. 对称度	7. 微小峰谷	8. 去除材料方法
9. 碳素结构钢	10. 温度	11. 非金属	12. 较大
13. 带轮包角	14. 摇臂钻床	15. 分类代号	16. 加工表面
17. 进给运动	18. 高温	19. 基面	20. 旋转运动
21. 润滑油	22. 水溶液	23. 压力	24. 0.02
25. 游标	26. 定位元件及装置	27. 手电钻	28. 千斤顶
29. 白垩溶液	30. 检查、打样冲眼	31. 油槽錾	32. 形状复杂表面
33. 多余部分	34. 接触器	35. 电动机	36. 电动机
37. 380 V	38. 36 V	39. 用水冲刷	40. 素养
41. 护目镜	42. 手	43. 无毒无害废弃物	44. 基本尺寸
45. 管理活动	46. 责任	47. 工艺规程	48. 培训
49. 劳动保护	50. 法律效力	51. 主视图	52. 尺寸标注
53. 3/4	54. 粗实线	55. 尺寸界线	56. 攻螺纹
57. 较高	58. 操作方法	59. 工序卡片	60. 夹具
61. 线	62. 尺寸	63. 工件	64. 润滑作用
65. 夹具	66. 加工精度	67. 定位元件或定位装置	
68. V 型块	69. 特殊调整	70. 用于销售	71. 方形
72. 仪表	73. 丝锥	74. 切削部分	75. 主切削刃
76. 硬质合金铰刀	77. 圆周等齿距	78. 圆锥形锪钻	79. 导向部分
80. 校准牙形	81. 容屑槽	82. 公差带	83. 锋角
84. 白刚玉	85. 内锥孔	86. 浮动定心	87. 加工精度
88. 试运转	89. 初始位置	90. 主轴	91. 保险环
92. 减小和消失	93. 机动	94. 相反	95. 主切削刃
96. 手动	97. 三	98. 深度	
99. 进给挡块或深度标尺		100. 对称	101. 钻头
102. 中心钻头	103. 扩孔刀具	104. 半精加工	105. 孔距
106. 钻模	107. IT5～IT6	108. 被铰孔	109. 要加工的孔
110. 停歇位置	111. 几何精度	112. 0.8 mm/r	113. 硬质合金
114. 乳化液	115. 轴线偏斜	116. 重合	117. 划线找正
118. 小孔	119. 锪平	120. 下端面	121. 接杆钻头

122. 锪钻　　　　　123. 锪锥形沉头孔　　124. 导向柱　　　　125. 振动
126. 内螺纹公差带　127. 60°　　　　　　128. 轴向距离　　　129. 丝锥
130. 大于　　　　　131. 孔壁　　　　　132. 反转退出　　　133. 校准部分
134. 劳动强度　　　135. 钻头　　　　　136. 脆性　　　　　137. 后面、棱边
138. 硬质合金　　　139. 前刀面　　　　140. 切削速度　　　141. 切削热
142. 轴向切削力　　143. 孔形不圆　　　144. 量脚　　　　　145. 端面
146. 通规　　　　　147. 对比　　　　　148. 单项测量法　　149. 综合测量法
150. 作用中径　　　151. 旋合通过　　　152. 两个　　　　　153. 孔距
154. 供应不足　　　155. 主运动

二、单项选择题

1. D　　　2. D　　　3. C　　　4. C　　　5. C　　　6. C　　　7. B　　　8. D　　　9. A
10. C　　11. A　　12. D　　13. B　　14. B　　15. B　　16. A　　17. B　　18. C
19. C　　20. D　　21. A　　22. D　　23. A　　24. C　　25. D　　26. C　　27. C
28. A　　29. B　　30. C　　31. C　　32. B　　33. D　　34. A　　35. A　　36. B
37. C　　38. D　　39. A　　40. A　　41. A　　42. A　　43. B　　44. C　　45. C
46. B　　47. B　　48. A　　49. B　　50. C　　51. C　　52. C　　53. B　　54. C
55. B　　56. D　　57. C　　58. C　　59. A　　60. D　　61. C　　62. D　　63. C
64. A　　65. C　　66. B　　67. C　　68. A　　69. B　　70. D　　71. D　　72. C
73. A　　74. A　　75. A　　76. C　　77. C　　78. B　　79. B　　80. A　　81. B
82. B　　83. A　　84. B　　85. A　　86. A　　87. B　　88. C　　89. A　　90. B
91. B　　92. A　　93. C　　94. B　　95. A　　96. C　　97. B　　98. A　　99. A
100. A　101. D　102. C　103. A　104. B　105. D　106. A　107. A　108. D
109. B　110. C　111. A　112. A　113. C　114. A　115. D　116. D　117. A
118. C　119. A　120. B　121. A　122. A　123. C　124. C　125. B　126. A
127. A　128. C　129. C　130. D　131. D　132. D　133. B　134. A　135. A
136. D　137. A　138. C　139. C　140. B　141. C　142. D　143. A　144. C
145. A　146. B　147. B　148. B　149. D　150. C　151. B　152. A　153. D
154. C　155. C　156. D

三、多项选择题

1. ABC　　2. BD　　　3. BCD　　4. ABC　　5. BD　　　6. ABC　　7. ABC
8. BCD　　9. ABD　　10. BC　　11. ABD　　12. ABC　　13. CD　　14. ABD
15. ABCD　16. AC　　17. ABCD　18. BCD　　19. CD　　20. CD　　21. AB
22. AD　　23. ABCD　24. ABCD　25. ABCD　26. ABC　　27. ABCD　28. ABC
29. ABC　　30. ACD　　31. ABC　　32. ABCD　33. AB　　34. ABCD　35. AC
36. AD　　37. ABC　　38. AB　　39. ABCD　40. ABCD　41. BC　　42. ABCD
43. ABCD　44. ABCD　45. BCD　　46. ABCD　47. BCD　　48. AB　　49. AB
50. BCD　　51. AD　　52. ABC　　53. ABC　　54. BCD　　55. BCD　　56. AD

57. ABD	58. ABCD	59. ABC	60. BCD	61. ABC	62. ABC	63. ABD
64. ABCD	65. AD	66. ACD	67. ABCD	68. BCD	69. ABC	70. AC
71. AC	72. ABCD	73. CD	74. ACD	75. ABC	76. AB	77. ABCD
78. ABD	79. ACD	80. BCD	81. ABCD	82. ABD	83. ACD	84. ABD
85. ABC	86. ABC	87. ABC	88. BCD	89. BCD	90. BC	91. ABD
92. BC	93. BCD	94. ABCD	95. ABCD	96. AD	97. ABCD	98. BC
99. ACD	100. ABCD					

四、判 断 题

1. √	2. √	3. ×	4. √	5. √	6. ×	7. √	8. √	9. √
10. ×	11. √	12. ×	13. √	14. √	15. ×	16. ×	17. ×	18. √
19. ×	20. ×	21. √	22. √	23. √	24. √	25. √	26. √	27. ×
28. √	29. ×	30. √	31. √	32. ×	33. √	34. √	35. √	36. √
37. √	38. √	39. √	40. ×	41. √	42. √	43. √	44. √	45. √
46. √	47. √	48. √	49. √	50. ×	51. √	52. √	53. √	54. √
55. ×	56. √	57. √	58. √	59. √	60. √	61. √	62. √	63. √
64. √	65. ×	66. ×	67. √	68. √	69. √	70. √	71. √	72. √
73. √	74. ×	75. √	76. √	77. √	78. √	79. √	80. ×	81. √
82. ×	83. √	84. √	85. √	86. √	87. √	88. √	89. √	90. √
91. ×	92. √	93. ×	94. ×	95. ×	96. √	97. ×	98. ×	99. √
100. √	101. √	102. √	103. ×	104. √	105. √	106. √	107. √	108. √
109. ×	110. ×	111. √	112. ×	113. √	114. ×	115. √	116. ×	117. √
118. ×	119. √	120. √	121. √	122. √	123. √	124. √	125. √	126. √
127. √	128. ×	129. √	130. ×	131. √	132. √	133. √	134. √	135. ×
136. √	137. ×	138. √	139. √	140. √	141. √	142. √	143. √	144. √
145. √	146. ×	147. √	148. √	149. ×	150. √	151. √	152. ×	153. √
154. √	155. ×	156. √						

五、简 答 题

1. 答:钻孔轴线歪斜的原因有:(1)钻床主轴与各个工作台面不垂直(1分)。(2)工件有砂眼、气孔(1分)。(3)钻头横刃长、角度不对称(2分)。(4)进给量大,造成钻头弯曲(1分)。

2. 答:表面粗糙度是指加工表面具有的较小间距和微小峰谷所组成的微观几何形状特性(5分)。

3. 答:常用钻床分台式钻床(1分)、立式钻床(1分)和摇臂钻床(1分)三种。台式钻床用于小型零件的钻孔;立式钻床用于较大直径孔的加工;摇臂钻床用于大中型工件多孔的加工(2分)。

4. 答:机床操作工工作时要佩戴安全帽、护目镜和穿紧身工作服(5分)。

5. 答:(1)工件夹紧可靠(1分)。(2)做好个人安全防护(1分)。(3)不准戴手套(1分)。(4)注意断屑,不准直接用手清理切屑(1分)。(5)快钻透时,要减小进给量(1分)。

6. 答：固体废弃物分为无毒无害废弃物（1分）、有毒有害废弃物（2分）和危险化学品废弃物三种（2分）。

7. 答：企业质量方针是企业每一个职工在开展质量管理活动中所必须遵守和依从的行动指南（5分）。

8. 答：岗位质量要求可以明确企业每一个人在质量工作上的具体任务、责任和权利（5分）。

9. 答：严格按照技术图纸、工艺规程和《质量管理体系要求》（GB/T 19001—2000）进行生产（3分）。认真执行工厂质量管理方针，确保产品质量（2分）。

10. 答：(1)平等就业和选择职业的权利（1分）。(2)取得劳动报酬的权利（1分）。(3)休息休假的权利（1分）。(4)获得劳动安全卫生保护的权利（0.5分）。(5)接受职业技能培训的权利（0.5分）。(6)享受社会保障和福利的权利（0.5分）。(7)提请劳动争议处理的权利（0.5分）。

11. 答：劳动合同应具备以下条款：(1)劳动合同期限（0.5分）；(2)工作内容（0.5分）；(3)劳动保护和劳动条件（0.5分）；(4)劳动报酬（0.5分）；(5)劳动纪律（0.5分）；(6)劳动合同终止的条件（0.5分）；(7)违反劳动合同的责任。劳动合同除前款规定的必备条款外，当事人可以协商约定其他内容（2分）。

12. 答：劳动合同的解除，是指当事人双方提前终止劳动合同的法律效力，解除双方的权利义务关系。劳动合同订立后，双方当事人当认真履行合同，任何一方不得擅自解除合同。但是发生特殊情况，也可以解除合同（5分）。

13. 答：分析视图时应首先根据视图位置和相互关系，区分主视图、俯视图和左视图（3分），然后明确其他视图的位置、投影方向，并找出剖视、剖面的剖切位置及投影方向（2分）。

14. 答：简单零件的表达主要是通过三视图进行的。对于零件不可见的槽、孔等几何形体用虚线画出，并通过尺寸标注反映出零件组成部分的形状、大小和相互位置（5分）。

15. 答：工艺文件是指导工人操作和用于生产、工艺管理等的文件。它包括的文件有：机械加工工艺过程卡片、工序卡片和工艺卡片（5分）。

16. 答：基准就是用来确定生产对象上几何要素间的几何关系所依据的那些点、线、面。基准分为设计基准和工艺基准两大类（5分）。

17. 答：工序余量就是相邻两工序的工序尺寸之差（5分）。

18. 答：钻孔切削用量主要是选用切削速度和进给量。考虑加工性质时，粗加工应采用较低切削速度，较大进给量，精加工采用较高切削速度和较小进给量（2分）；考虑工件材料时，碳素钢等塑性材料应采用较高切削速度较小进给量，灰铸铁应采用较低切削速度和较大进给量（2分）；考虑钻头寿命时，钻大孔采用较低切削速度，钻小孔采用较高切削速度（1分）。

19. 答：机床夹具由定位元件或定位装置（1分）、夹紧元件或夹紧装置（1分）、引导刀具元件（1分）、夹具体、辅助元件或辅助装置组成（1分）。

20. 答：三爪卡盘用于装夹圆柱形工件（1分）；机用平口钳用来装夹平整、方形工件（1分）；V型块用于装夹圆柱形工件（1分）；压板、垫板和螺栓主要用于在钻床工作台上直接装夹工件（1分）；弯板用来装夹竖立放置的工件；手虎钳、平行夹板用来夹持小型和薄板工件（1分）。

21. 答：定位就是确定工件在机床上或夹具中占有正确位置的过程（3分）；夹紧就是工件

定位后将其固定,使其在加工过程中保持定位位置不变的操作(2分)。

22. 答:使用螺栓、压板、垫板装夹工件要做到以下几点:(1)螺栓、垫板尽量靠近工件(2分)。(2)垫板尽量与工件夹紧部等高或略高于工件夹紧部(2分)。(3)如工件夹紧部为已加工面,则应垫铜片(1分)。

23. 答:标准麻花钻头由柄部、颈部、工作部分组成(1分)。

柄部包括钻柄和钻舌,钻柄供装夹用,并用以传递钻孔所需的转矩和轴向力,钻舌供拆卸钻头用(1分);颈部供制造钻头时使用及刻印标识(0.5分);工作部分又分切削部分和导向部分(1分)。切削部分担负钻头的切削工作(0.5分)。导向部分在钻孔时起到引导钻头、排出切屑和修光孔壁的作用,同时也是切削部分的备用部分(1分)。

24. 答:按使用方式分铰刀的种类和适用范围如下:

(1)手用铰刀。手用铰刀适用于公差等级和表面粗糙度要求不高的较小直径孔的铰削和批量小及不适于机床铰孔的工件的铰孔(3分)。

(2)机用铰刀。用于尺寸精度等级、形位公差精度等级要求较高、工件材质硬度较高、批量较大工件的铰孔(2分)。

25. 答:铰刀刀齿在圆周的分布形式有圆周等齿距分布和圆周不等齿距分布两种(2分)。圆周等齿距分布铰刀便于制造,但铰孔时孔表面质量不高(1.5分);圆周不等齿距分布铰刀可避免在刀齿周期性的重复作用下造成的孔壁上的刻痕与棱面,铰孔质量高,但制造麻烦(1.5分)。

26. 答:常用锪钻有三种:(1)圆柱形锪钻,用于锪圆柱形沉孔(2分)。(2)圆锥形锪钻,用于锪圆锥形沉孔(2分)。(3)端面锪钻,用于锪上下平面(1分)。

27. 答:螺旋槽丝锥的优点是加工质量高、加工效率高。(1)可以控制切屑流出的方向,攻右旋通孔螺纹时,用左旋槽丝锥,使切削线向下排出,不伤螺纹;攻右旋不通孔螺纹时,用右旋槽丝锥,使切屑向上排出,不阻塞底孔(3分)。(2)可以使切削平稳,可攻底孔中有小槽、小孔的螺纹(2分)。

28. 答:麻花钻头刃磨时要注意以下问题:

(1)砂轮材质和硬度、粒度要选择合适,表面进行修整(1分)。

(2)刃磨时注意钻头及时冷却(0.5分)。

(3)磨主切削刃时,首先要摆正钻头轴线与砂轮表面夹角,以保证钻头的锋角、主偏角,同时磨出主切削刃后角、横刃斜角(1分)。

(4)刃磨时要保证两侧的主偏角、主切削刃长度相对称(2.5分)。

29. 答:钻头刃磨对钻孔的作用有:(1)解决钻头磨钝,恢复钻头切削性能(1分)。(2)满足不同材质、不同加工要求对钻头几何参数、几何角度的要求(2分)。(3)改善麻花钻头自身固有缺点,如修短横刃,改善横刃前角,以改善麻花钻头的切削性能(2分)。

30. 答:常用机动攻螺纹夹头有三种:(1)快换夹头:无补偿作用,可以同一工序进行钻孔、倒角、攻螺纹(2分)。(2)保险夹头:可防止攻螺纹过载折断丝锥(2分)。(3)浮动夹头:具有浮动定心作用,攻螺纹精度高(1分)。

31. 答:工作中要注意以下几点:(1)在工作中主轴变速和进给变速必须停车进行(2分)。(2)采用手动进给时必须断开机动进给传动机构(2分)。(3)要经常检查润滑系统的供油状态(1分)。

32. 答:钻不通孔时应按孔深尺寸调整好钻床进给挡块或深度标尺,避免钻深误差,并注意及时排屑(5分)。

33. 答:主要因素有:(1)孔划线中心不在圆柱断面中心垂线上(2.5分)。(2)钻头轴线不在圆柱断面中心垂线上(2.5分)。

34. 答:扩孔加工有以下特点:(1)背吃刀量小,产生的切削力小、切削热低,加工变形小(2分)。(2)排屑容易,孔表面质量好(2分)。(3)扩孔钻头刚性好、刀齿多,切削平稳加工质量好、加工效率高(1分)。

35. 答:与钻孔相比扩孔加工有以下特点:(1)与钻孔相比扩孔背吃刀量小(2分)。(2)与钻孔相比扩孔排屑容易(2分)。(3)与钻孔相比扩孔钻头刚性好、刀齿多(1分)。

36. 答:钻孔孔距的控制方法有:(1)划线找正钻孔法(2分)。(2)使用普通夹具配合简易钻模钻孔法(2分)。(3)使用钻模钻孔法(1分)。

37. 答:选取铰刀直径制造公差时,要考虑被铰孔的公差等级(1分)、铰刀的制造公差(1分)、铰刀研磨备用量(2分)和孔的扩张收缩量四个方面因素(1分)。

38. 答:应注意刃口必须锋利,不得存在毛刺、碰伤、裂纹、剥落等缺陷(5分)。

39. 答:机动铰孔的操作要点有:(1)钻床精度不得超差(1分)。(2)预加工孔必须与钻床主轴锥孔同轴(1分)。(3)铰刀引进时必须先手动进给2~3 mm,后机动进给,浮动铰孔须用手引进铰刀入孔(1分)。(4)正确并充分使用切削液,铰孔中及时排屑(1分)。(5)铰刀不得反转。(6)铰孔将完时,校准部不能超出孔内,应不停车退出铰刀(1分)。

40. 答:铰孔时铰刀反转会使切屑塞在刀齿后面与孔壁之间,破坏已加工孔表面、磨损或破坏刀刃甚至折断铰刀(5分)。

41. 答:铰削余量选择不当对铰孔影响如下:(1)铰削余量选择过大会造成孔径扩张和孔表面质量降低(2.5分)。(2)铰削余量选择过小,对上道工序加工出的孔起不到精加工作用,而且会磨损铰刀(2.5分)。

42. 答:铸铁材质零件铰孔时一般应使用低浓度的乳化液,也可使用煤油,但会引起孔径收缩(5分)。

43. 答:套类零件钻径向孔存在以下问题:(1)钻套类零件上部孔时孔对套轴线的对称度不易保证(2.5分)。(2)当钻下部孔时,钻头伸出较长,钻尖在套内壁不易定心,造成钻孔轴线不直和偏斜(2.5分)。

44. 答:防止套类零件钻通孔轴线偏斜的一般方法有:(1)利用分度头工件翻转180°两次自外圆钻孔(2分)。(2)用装在钻卡头上与钻头直径相同的样冲,在下部套孔壁打出样冲孔再钻孔(2分)。(3)在套孔内打入圆芯使套变为实心圆柱体再钻孔(1分)。

45. 答:常见双联孔钻孔存在的主要问题是钻完上面大孔后,钻小孔的钻头伸出太长,没有导向,下面的孔不便于划线和打样冲孔,钻孔容易偏斜。所以双联孔钻孔存在的主要问题是上、下孔的同轴度不易保证(5分)。

46. 答:锪孔及锪平面有以下三种形式:(1)锥形沉头孔(1分)。(2)圆柱形沉头孔(2分)。(3)孔的上下端平面(2分)。

47. 答:锪孔时应注意以下问题:(1)锪刀的切削刃要刃磨对称(1分)。(2)根据材质刃磨前角(1分)。(3)工件、刀具装夹稳固,防止振动(1分)。(4)手动进给要用力均匀(1分)。(5)锪刀刀杆在钻床主轴上要锁紧(1分)。

48. 答:螺纹标记 M10×1-7H-L 中的 M10×1 是螺纹代号;7H 是内螺纹公差带代号;L 是螺纹旋合长度代号(5 分)。

49. 答:螺纹中径的定义是:一个假想圆柱或圆锥的直径,该圆柱或圆锥的母线通过牙型上沟槽和凸起宽度相等的地方。该假想圆柱或圆锥称为中径圆柱或中径圆锥(5 分)。

50. 答:防止攻螺纹丝锥折断的措施有:(1)切削速度要合适(1 分)。(2)底孔、丝锥要与钻床回转中心同轴(1 分)。(3)注意丝锥及时反转退出断屑(1 分)。(4)采用浮动夹头或安全夹头(1 分)。(5)使用切削液(1 分)。

51. 答:因为机动攻通孔螺纹时如果丝锥的校准部分超出螺孔,在反车退出丝锥时会损坏已攻好的螺纹,所以机动攻通孔螺纹时丝锥的校准部分不能超出螺孔(5 分)。

52. 答:用钻模钻孔有以下三个优点:(1)孔径精度和孔的位置公差精度高(2 分)。(2)节省划线和找正工时,生产效率高(2 分)。(3)减轻劳动强度(1 分)。

53. 答:铸铁材料有如下特点:硬度、强度较低;脆性大;导热率低;组织疏松,易产生铸造缺陷(5 分)。

54. 答:选用硬质合金钻头钻铸铁材质工件的优点是:(1)耐磨性好,钻头的使用寿命长(2.5 分)。(2)能使用较大的钻削用量,生产效率高(2.5 分)。

55. 答:铸铁材料钻孔时减小钻头主偏角的好处是:减小主偏角,可加大两个外缘处刀尖角,使切屑变薄,降低切削热,改善钻头散热条件,提高钻头耐用度(5 分)。

56. 答:铝及铝合金材料钻孔容易产生的问题是:(1)孔壁和钻头产生严重的刀瘤,孔壁粗糙,尺寸不稳定(2.5 分)。(2)排屑困难,导致切屑划伤孔壁,甚至塞住钻头(2.5 分)。

57. 答:由于铝及铝合金强度低、塑性高,切削时切屑于钻头螺旋槽摩擦在前面产生高温高压区,切屑底层金属粘滞在钻头前面,形成了刀瘤(5 分)。

58. 答:铝及铝合金材料钻孔粗加工采用乳化液,精加工时采用煤油(5 分)。

59. 答:紫铜材料钻孔容易发生的问题是:(1)孔形不圆,呈多角形,孔上部扩大(2 分)。(2)孔壁粗糙,有撕痕、螺线挤痕,出口多毛刺(2 分)。(3)不易断屑,缠绕钻头(1 分)。

60. 答:黄铜材料钻孔存在的突出问题是:钻孔时产生扎刀现象(5 分)。

61. 答:紫铜群钻的特点是:钻心尖而高,圆弧后角较小,横刃斜角较大(5 分)。

62. 答:黄铜群钻的特点是:外缘前角小,棱边磨窄,横刃磨短(5 分)。

63. 答:机械加工表面粗糙度比较样块的用途是与相应机械加工方法的加工表面进行比较,通过视觉、触觉的对比来评定工件的表面粗糙度(5 分)。

64. 答:螺纹的测量方法有:单项测量法和综合测量法(5 分)。

65. 答:普通螺纹工作塞规通规的功能是检验内螺纹的作用中径与大径,代号为 T(5 分)。

66. 答:普通螺纹塞规止规的功能是检验内螺纹的单一中径,代号为 Z(5 分)。

67. 答:普通螺纹工作塞规止规的使用规则是允许与螺纹两端部分旋合,但不超过两个螺距;对三个或少于三个螺距的内螺纹不应完全旋合通过(5 分)。

68. 答:钻孔孔径增大,属于钻头的原因有:(1)钻头钻心偏,主切削刃不对称(2 分)。(2)钻头横刃长,定心不好(1 分)。(3)刃口崩刃、刃带有刀瘤(1 分)。(4)钻头弯曲(1 分)。

69. 答:钻孔孔径减小,属于钻头的原因有:(1)钻头棱边严重磨损(2 分)。(2)刃口磨钝,后角太小(2 分)。(3)切削振动,钻孔不圆(1 分)。

六、综 合 题

1. 解:如图 1 所示(10 分)。

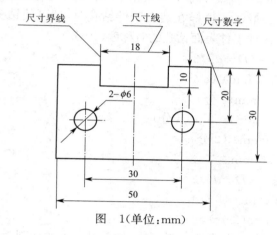

图　1(单位:mm)

2. 解:$D_1 = D - \Delta = 48 - 0.3 = 47.7(\text{mm})$ (8 分)

答:铰孔前工序尺寸 $D_1 = 47.7$ mm(2 分)。

3. 解:根据公式 $n = \dfrac{v}{\pi d} \times 1\,000$, $n = \dfrac{v}{\pi d} \times 1\,000 = \dfrac{19.97 \times 1\,000}{3.14 \times 12} = 530(\text{r/min})$ (8 分)

答:钻床转速为 530 r/min(2 分)。

4. 解:根据公式 $n = \dfrac{v}{\pi d} \times 1\,000$, $n = \dfrac{20 \times 1\,000}{3.14 \times 20} = 318(\text{r/min})$ (8 分)

答:钻床转速为 318 r/min(2 分)。

5. 答:由于钻头两条切削刃的切削作用和锥形锋角的定心作用,就使得钻头的切削部分与孔的底部产生了非常好的定心作用(4 分)。同时钻出的孔壁对钻头的引导作用的存在,这样在钻削过程中钻头与工件间就产生了可靠稳定的自定位作用(3 分);由于钻削过程中轴向切削力的存在,使钻头又对工件产生了自夹紧作用。而夹紧力的作用点又是自定位的中心,更使钻孔时的定位得到保持和加强(2 分)。所以手持工件钻孔时,工件的定位、夹紧就是通过钻削过程中钻头与工件间的自定位、自夹紧作用实现的(1 分)。

6. 解:$e = 16.5 - (50-20)/2 = 1.5(\text{mm})$ (8 分)

答:工件对钻床主轴中心的调整量 $e = 1.5$ mm (2 分)。

7. 答:$\alpha_1 =$ 前角 γ_0(2 分);$\alpha_2 =$ 后角 α_0(2 分);$\alpha_3 =$ 横刃斜角 Ψ(2 分);$\alpha_4 =$ 锋角 2Φ(1 分);$\alpha_5 =$ 主偏角 k_r(2 分);$\alpha_6 =$ 副偏角 k'_r(1 分)。

8. 答:(1)工作部分 (3 分);(2)柄部(2 分);(3)切削部分(3 分);(4)校准部分(2 分)。

9. 答:1 = 丝锥前角(5 分);2 = 丝锥后角(5 分)。

10. 答:因为麻花钻头在切削过程中自身很容易变钝,使钻头切削性能降低(4 分);另外因工件材质、加工要求的不同,需要修磨某些角度来适应(3 分);还有因麻花钻头身身固有的缺点,如钻心部横刃太长、横刃前角和主切削刃前角负值,切削条件极差,也需经修磨加以改善。所以麻花钻头的修磨是保证钻头切削性能和钻孔质量的重要措施(3 分)。

11. 答:台钻的头架是台钻较重的部件。在圆立柱没有齿条齿轮升降的台钻上,预先调整好保险环的位置,再调整头架,可防止头架因自重突然落下对主轴精度的影响和防止人身事故的发生(10分)。

12. 答:利用与钻床主轴同轴、并与 V 型块角度一致的锥形定心体找正 V 型块,就可以使 V 槽的中心位于钻床主轴轴线上,这样在装夹工件钻孔时,就可使钻头正好钻在工件断面中心的垂线上,从而保证了圆柱工件表面钻孔的对称度(10分)。

13. 解:根据公式:$\alpha_p=(D-d)/2$

$\alpha_p=(45-30)/2=7.5$(mm)(8分)

答:背吃刀量 $\alpha_p=7.5$ mm(2分)。

14. 解:根据公式:$d=D-2\times\alpha_p$(8分)

$d=45-2\times7.5=30$(mm)(2分)

答:扩孔前孔径 $d=30$ mm。

15. 解:根据公式:$\alpha_p=(D-d)/2$

$\alpha_p=(42-30)/2=6$(mm)(8分)

答:背吃刀量 $\alpha_p=6$ mm(2分)。

16. 答:这是因为:(1)扩孔的背吃刀量很小,加工时产生的切削力小、切削热低,加工冷热变形都很小,表面加工质量好(4分)。(2)扩孔切屑窄小、排屑容易,不易划伤已加工表面(3分)。(3)扩孔钻头刚性好、刀齿多,切削平稳。所以扩孔可以作为孔的精加工方法(3分)。

17. 答:因为攻螺纹时在丝锥的挤压作用下,工件材料的部分金属被挤入螺纹底孔与丝锥牙底的间隙处,形成工件的小径。如底孔等于小径,丝锥将被塞住无法工作,所以攻螺纹的底孔直径要大于螺纹小径(10分)。

18. 解:因 M6 螺纹的螺距为 1 mm,工件为铸铁材质,所以根据攻螺纹前底孔直径计算公式:

$d_T=6-1=5$(mm)(8分)

答:M6 螺纹攻螺纹前底孔直径 $d_T=5$ mm(2分)。

19. 解:因 M8 螺纹的螺距为 1.25 mm,工件为铸铁材质,所以根据攻螺纹前底孔直径计算公式:

$d_T=d-(1.04\sim1.08)p$,取 $d_T=d-1.06p$

$d_T=d-1.06p=8-1.06\times1.25=6.7$(mm)(8分)

答:M8 螺纹攻螺纹前底孔直径 $d_T=6.7$ mm(2分)。

20. 解:因 M12 螺纹的螺距为 1.25 mm,工件为铸铁材质,所以根据攻螺纹前底孔直径计算公式:

$d_T=d-(1.04\sim1.08)p$,取 $d_T=d-1.06p$

$d_T=d-1.06p=12-1.06\times1.25=10.7$(mm)(8分)

答:M8 螺纹攻螺纹前底孔直径 $d_T=10.7$ mm(2分)。

21. 答:由于攻螺纹时丝锥每转的进给量是由螺纹的螺距大小决定的,而且进给量又影响攻螺纹的实际切削速度。所以螺纹的大径和螺距大,切削速度应选小些,反之选大些(10分)。

22. 答:铸铁材料导热性差,加工产生的是碎切屑,导致切削力和切削热都作用于靠近刀刃的前面上,所以刀刃易烧损(10分)。

23. 答:由于铝及铝合金材料强度低、塑性高,钻孔时极易产生刀瘤,同时切屑柔软膨松极易塞在钻沟于孔壁间,因而造成铝及铝合金材料钻孔孔壁粗糙、尺寸不稳定(10分)。

24. 答:因为粗加工切削液主要是进行冷却,精加工切削液主要是进行润滑。乳化液的冷却、清洗作用好,煤油的润滑作用较好,所以铝及铝合金材料钻孔粗加工采用乳化液,精加工时采用煤油(10分)。

25. 答:因为黄铜材料强度、硬度低,钻孔时轴向阻力小,钻孔时切削力通过麻花钻头螺旋槽面,将钻头下拉,产生了扎刀现象。

26. 解:$L = M - \dfrac{D+d}{2} + T = 38 - \dfrac{24+20}{2} + 10 = 26$(mm)(8分)

答:二孔孔距 $L = 26$ mm(2分)。

27. 解:$L = M - D + T = 32 - 20 + 10 = 22$(mm)(8分)

答:二孔孔距 $L = 22$ mm(2分)。

28. 解:$M = L + D - T = 22 + 20 - 10 = 32$(mm)(8分)

答:卡尺读数 $M = 32$ mm(2分)。

29. 解:根据公式 $D = d + e$ 和 $e = \dfrac{S^2}{8d}$

因为 $e = \dfrac{6^2}{8 \times 39.92} = 0.11$(mm)

所以 $D = 39.92 + 0.11 = 40.03$(mm)(8分)

答:孔径尺寸 $D = 40.03$ mm(2分)。

30. 解:根据公式 $D = d + e$ 和 $e = \dfrac{S^2}{8d}$

因为 $e = \dfrac{6^2}{8 \times 39.92} = 0.11$(mm)

$D = 39.92 + 0.11 = 40.039$(mm)(8分)

答:孔 $\phi 40^{+0.05}_{0}$ mm 的最大极限尺寸是 40.05 mm,所以孔径尺寸合格(2分)。

31. 解:根据公式 $D = d + e$ 和 $e = \dfrac{S^2}{8d}$

因为 $e = \dfrac{4^2}{8 \times 29.92} = 0.07$(mm)

所以 $D = 29.92 + 0.07 = 29.99$(mm)(8分)

答:孔径尺寸 $D = 29.99$ mm(2分)。

32. 答:较长钻头钻孔时,孔径大小是以钻头钻心为中心、由长主切削刃切削而成的。钻心偏、主切削刃不对称也就等于钻头直径的增大,因而造成钻孔孔径的增大(10分)。

33. 答:钻削时钻头刃口磨钝,后角太小会加大钻削的切削热,当钻完孔后,孔径产生冷缩现象,造成钻孔孔径减小(10分)。

34. 答:钻头横刃长、角度不对称会使钻头定心作用差,钻尖偏离钻床主轴轴线,造成钻头在弯曲状态下钻孔,导致钻孔歪斜(10分)。

35. 答:影响钻孔表面粗糙度的原因有钻削过程中钻头及切屑与孔已加工表面的摩擦(5分),切削液的作用是降低切削热,对摩擦面进行润滑,如切削液选用不当或供应不足,就不能达到冷却、润滑的目的,造成孔壁粗糙(5分)。

钻床工(中级工)习题

一、填 空 题

1. 投影三要素是指( )、投影面和投影线。

2. 三视图的投影规律是:主、俯视图( );主、左视图高平齐;俯、左视图宽相等。

3. 零件加工后,通过测量所得到的尺寸称为( )。

4. 某一尺寸减去其相应基本尺寸所得的代数差称为( )。

5. 基本偏差为一定的孔公差带,与不同基本偏差轴的公差带形成各种配合的一种制度称为( )。

6. 由代表上下偏差的两条直线所限定的区域称为( )。

7. 当被测要素为轮廓线或表面时,形位公差( )应指向该要素的可见轮廓线或其引出线,并与尺寸线错开。

8. 在图样中,表面粗糙度符号应注在( )、尺寸线、尺寸界限或它们的延长线上。

9. 表面粗糙的零件,在间隙配合中会( )磨损,在过盈配合中会导致联接松动。

10. 硫存在钢中,会使钢产生( )。

11. ( )可消除热加工材料的内应力,防止加工后变形。

12. "HT-200"牌号中的"HT"是灰铸铁的代号,"200"表示该牌号( )为 200 MPa。

13. 齿轮传动的优点是能保持恒定的( ),传动运动准确可靠。

14. 有一外啮合的直齿圆柱标准齿轮,模数为 2 mm,齿数为 32,这个齿数的齿顶圆直径是( )mm。

15. ( )适合于各种大型工件上的多孔加工。

16. ( )主要用于加工工件的平面、沟槽、角度、成型表面和切断。

17. 切削过程中的切削力可分解为主切削力、径向抗力和轴向抗力三个( )的切削分力。

18. 切削用量三要素是( )、切削深度和进给量。

19. 刀具材料主要有( )、硬质合金和超硬非金属刀具材料。

20. ( )刀具材料主要用于制作中低速切削刀具、精加工刀具、多齿刀具和成型刀具。

21. 刀具的基本几何角度有前角、后角、主偏角、副偏角和( )。

22. 刀具的( )是前刀面与基面的夹角,刃倾角则是主切削刃与基面的夹角。

23. 机械油其牌号有 N10、N15、N32、N46、N68 等。牌号中的数字表示机械油的号数,号数小的用于( )机械,号数大的用于低速重载机械。

24. 切削液具有冷却作用、润滑作用、清洗作用和( )作用。

25. 液压控制阀按其功能可分为方向控制阀、压力控制阀和( )三大类。

26. 螺纹千分尺是用来测螺纹( )的。

27. 外径千分尺通过拆换可换(   ),能改变测量范围。

28. 按通用性分,机床夹具可分(   )、专用夹具、成组可调夹具和组合夹具。

29. 钻套是钻床夹具所特有的零件,用来(   )钻头等孔加工刀具,提高刀具刚度并保证被加工孔与工件其他表面的相对位置。

30. 打样冲孔时,样冲必须(   )于划线表面。

31. 有孔工件划线时,先在孔中安装一个塞块,在塞块上找出孔的中心,再进行(   )划线。

32. 划线要先划(   )和位置线,再划加工线。

33. 选择錾子楔角时,在保证足够强度的前提下,尽量取(   )的数值。

34. 加工余量大,精度低和表面粗糙的工件应选用锉纹(   )的锉刀。

35. 中齿锯条适用于锯削(   )材料。

36. (   )在电路中起安全保护作用。

37. 电力拖动具有很好的(   )性能,控制简便而迅速。

38. 电力拖动的(   )用于自动控制电机运转的启停、方向、速度及机件运动的位置。

39. 在三相四线制交流电的相线与零线之间的电压是(   )V。

40. 常见的触电方式有单相触电、(   )触电和跨步电压触电。

41. 在任何电气设备未经检查证明无电之前,应一律认为(   )。

42. 机床操作工工作时要佩戴安全帽,(   )和穿紧身工作服。

43. 钻削过程中不准直接用(   )去清理切屑。

44. 固体废弃物分为(   )、有毒有害废弃物和危险化学品废弃物三种。

45. 企业质量方针是企业每一个职工在开展质量(   )中所必须遵守和依从的行动指南。

46. 岗位质量要求可以明确企业每一个人在质量工作上的具体任务、(   )和权利。

47. 岗位质量保证措施要求从业者应严格按照技术图纸、(   )进行生产。

48. 接受职业技能(   )是劳动者应享受的权利之一。

49. 劳动合同应包括(   )和劳动条件的条款。

50. 劳动合同的解除,是指当事人双方提前终止劳动合同的(   ),解除双方的权利义务关系。

51. 剖视图分全剖视、(   )和局部剖视三大类。

52. 剖面图有移出剖面和(   )两种。

53. 一张装配图由一组图形、(   )、必要的技术条件、零件序号、明细栏和标题栏组成。

54. 装配图中要标注机器或部件的规格、性能及装配、检验和(   )所必须的尺寸。

55. 画零件草图要求内容完整、表达正确、尺寸齐全、要求合理、图线(   )、比例匀称。

56. 工艺过程卡片要列出各道(   )的名称、工种及使用的机床、工装、工人等级和工时定额。

57. 工序卡片规定了该(   )所用的定位面、夹紧面及安装方法。

58. (   )就是加工后的零件在尺寸、形状和表面相互位置三个方面与理想符合程度。

59. 尺寸链中的各尺寸简称为环,环分为(   )和组成环。

60. 在(   )精度不高的情况下,使用浮动夹头、铰刀可加工出精密孔径。

61. 精密箱体双联孔加工主要技术要求是保证孔的（　　　）要求。

62. 用六个支承点限制工件的（　　　）自由度，可使工件在夹具的位置完全确定。

63. 过定位会导致同一批工件的（　　　）发生位置变化或工件产生变形，影响加工精度。

64. 夹具限制的自由度（　　　）必须限制的自由度，称为欠定位。

65. 粗基准只能使用（　　　）。

66. 精基准的选用要保证由切削力、（　　　）所引起的变形为最小。

67. 工件装夹时夹紧不能破坏工件的（　　　）精度，并保证工件在加工中受压变形最小又不产生松动。

68. 夹紧力与切削力方向（　　　），可使夹紧力增大。

69. 标准麻花钻头的锋角 2Φ 是两（　　　）之间的夹角。

70. 加大麻花钻头的锋角钻头靠外缘处的前角将（　　　），靠钻心部前角将加大。

71. 普通麻花钻头锋角（　　　），径向切削分力增大，轴向切削分力减小。

72. 普通麻花钻头横刃斜角是横刃与（　　　）的夹角。

73. 普通麻花钻头副后角是（　　　）与孔壁切线的夹角，角度值为 0°。

74. 基本型群钻钻心部磨出月牙槽，主切削刃磨出分屑槽，横刃修短，形成（　　　）七刃。

75. 群钻的三尖具有提高钻头的（　　　）作用、分屑作用和加大钻心部前角等作用。

76. 铸铁群钻钻心部刃磨出月牙槽，主切削刃磨出双重（　　　）。

77. 黄铜群钻钻心部磨出月牙槽，主切削刃外缘处（　　　）要磨小，棱边修窄。

78. 手工刃磨麻花钻头时应保持钻头中心与砂轮外圆面夹角与钻头的（　　　）一致。

79. 普通麻花钻头刃磨时（　　　）的角度应取 50°～55°。

80. 刃磨群钻砂轮的圆角半径应接近群钻的（　　　）半径。

81. 研磨铰刀的研具有（　　　）、轴向调整式和整体式三种。

82. 钻床型号"Z535"中的第一个"5"是（　　　）钻床的代号。

83. 立式钻床工作台的升降是通过摇动工作台上的伞齿机构带动（　　　）实现的。

84. 摇臂钻床的主轴箱、摇臂及外立柱的夹紧是为了保证钻床在切削时具有足够的刚度和（　　　）精度。

85. 钻床镗孔时悬臂镗杆的（　　　）是影响镗孔精度的主要因素。

86. 加大镗杆直径、减小镗杆悬伸，或采用（　　　），都可提高镗杆刚性。

87. 精镗孔（　　　）不宜太高，应采用较小切削深度和较小进给量。

88. 用镗模法镗孔是将工件装夹在镗模中，镗杆由镗模两侧的（　　　）支承，与钻床主轴浮动连接进行镗孔。

89. 精度低的钻床要镗出精度高的孔来，可用（　　　）镗孔。

90. 孔的（　　　）比 $L/d>5$ 就算深孔。

91. 深孔钻孔必须解决好排屑问题、冷却和润滑问题、钻头的（　　　）问题。

92. 用加长麻花钻深孔时每钻进一定深度都应退出钻头，以进行（　　　）。

93. 常见深孔钻头有炮钻、（　　　）、多刃深孔钻、内排屑钻、加长麻花钻、套料钻等。

94. 钻精孔钻头的两个切削刃要（　　　），两刃前端圆跳动应小于 0.03 mm。

95. 精钻预钻孔的（　　　）一般为 0.1～0.5 mm。

96. 精钻孔时（　　　）太小，刀刃与加工表面形成摩擦，产生硬化，造成切削振动，使孔壁产生振纹。

97. 精钻孔前一般应先进行钻孔、（   ），最后进行精钻孔。

98. 斜面钻孔的三种形式是在斜面上钻孔、在（   ）、在曲面上钻孔。

99. 斜面钻孔三种形式共同的特点是孔的轴线与孔的端面（   ）。

100. 钻斜孔时，刚开始钻头受（   ）高侧的径向推力，钻尖滑向低侧，钻头弯曲、倾斜并在斜面上打滑，易造成孔中心偏移。

101. 钻斜孔最可靠的方法是使用（   ）钻斜孔。

102. 排屑困难造成（   ）而导致钻头折断是小孔钻孔存在的主要问题之一。

103. 小孔钻孔须使用钻模或钻（   ）进行引钻，以免钻头引偏或折断钻头。

104. 小孔钻孔时如果切削速度（   ）或进给量偏大都会导致钻孔轴向切削力加大，造成钻头折断。

105. 小孔钻孔应选用（   ）高、转速在 15 000 r/min 以上的钻床。

106. 半圆孔的形式有（   ）半圆孔、轴线相交式半圆孔、腰圆式半圆孔。

107. 轴向剖切式半圆孔的钻孔方法之一是将（   ）合在一起钻孔。

108. 钻轴线相交式半圆孔可在先钻出的孔中嵌入与工件（   ）相同的圆芯，再钻另一个孔。

109. 钻腰圆式半圆孔可先在一端钻出（   ），另一端用半孔钻头加工。

110. 薄板和薄壁零件钻孔容易产生（   ），严重时工件被钻头撕裂或产生扭曲变形。

111. 薄板和薄壁零件钻孔由于工件刚性差，在切削力作用下，工件局部产生（   ），孔将透时，局部回弹导致振动甚至撕裂工件。

112. 钻薄板和薄壁零件时麻花钻头的主要弱点是钻孔中心不易确定，钻尖高，未等主切削刃全切入工件（   ）已透出工件。

113. 薄板群钻中间钻尖起到定心钳制作用，两外尖起到（   ），中间的主切削刃基本不参与钻削。

114. 组合件钻孔由于两个零件一般材质软硬不一，钻孔容易产生（   ）。

115. 组合件钻孔应采用长度（   ）的钻头或半孔钻头。

116. 组合件钻孔端面要先（   ）后钻孔。

117. 组合件钻孔打样冲孔要偏向材质（   ）的零件一侧。

118. 坚硬材料是指热处理后硬度达到（   ）的工件材料。

119. 坚硬材料钻孔时普通（   ）很难钻入工件，甚至烧毁钻头。

120. 坚硬材料的钻孔可使用双重锋角的（   ）进行。

121. 坚硬材料钻孔其（   ）和进给量应比一般钢材减少约 3/4。

122. 坚硬材料钻孔要求钻床主轴系统和工作台（   ）要好，避免振动的产生。

123. 坚硬材料钻孔应采用含有磷系添加剂的（   ），以取得降低摩擦和减小刀具磨损的效果。

124. 精密双联孔加工的突出问题是解决两个孔的（   ）要求。

125. 铸件毛坯、较大直径双联孔应采用粗镗、半精镗、（   ）的方法加工。

126. 普通螺纹精度是由螺纹的公差值和（   ）两个因素决定的。

127. 普通螺纹内螺纹公差带位置有 G 和（   ）两种。

128. 普通螺纹旋合长度分三组,分别为短旋合长度、中等旋合长度和（　　）,相应代号为 S、N 和 L。

129. 普通螺纹分精密、（　　）和粗糙三种精度。

130. 螺纹公差带的大小由（　　）T 确定,并按其大小分为若干等级。

131. 普通螺纹内螺纹的小径和（　　）精度等级各分为 4、5、6、7、8 共 5 个等级。

132. 机动攻螺纹时丝锥与（　　）的同轴度误差不大于 0.05 mm。

133. 螺纹的底孔应保证孔形圆整、轴线垂直,以防止螺纹（　　）和歪斜。

134. 攻不通孔螺纹应使用安全卡头,防止（　　）折断。

135. 攻螺纹切削速度应根据工件（　　）、螺纹直径、螺纹螺距、螺孔深度来选用。

136. 如丝锥折断在螺孔内,可用（　　）取出残留丝锥。

137. 55°圆锥螺纹的基面位置,对内螺纹是（　　）,对外螺纹,在距小端面为基准距离的平面上。

138. 标记 Rc1½ 中（　　）是 55°圆锥内螺纹特征代号,1½ 是尺寸代号。

139. 标记 Rp1½ 中（　　）是 55°圆柱内螺纹特征代号,1½ 是尺寸代号。

140. 攻圆锥内螺纹时,要严格控制（　　）,保证攻螺纹结束时丝锥的基面位于螺孔的端面。

141. 根据被测零件的尺寸大小选择相应规格的量具,可保证量具的（　　）能满足被测零件尺寸的需要。

142. 用内径千分尺测量孔径前,应根据被测孔（　　）选择合适接杆,并使接杆数量最少,以减少积累误差。

143. 螺纹综合测量适用于螺纹（　　）的测量。

144. 螺纹单项测量适用于螺纹的（　　）测量。

145. 止端螺纹塞规的代号是 Z,检验功能是用来检验内螺纹的（　　）。

146. R 是（　　）工作量规的代号。

147. 55°圆锥内螺纹（　　）的特征是具有完整的外螺纹牙形。

148. 55°圆锥内螺纹（　　）的功能是加工时检查内螺纹的大径、小径和作用中径。

149. 55°圆锥内螺纹检验时螺纹的（　　）应处于塞规两测量面之间或与测量面齐平。

150. 钻床精度不高,主轴（　　）误差过大,能导致铰孔产生多棱形。

151. 机动铰孔时,如切削速度过高,切削液供应不充足,（　　）因受热而直径增大,会导致铰孔孔径增大。

152. 钢料铰孔时,如余量（　　）或铰刀不锋利,铰孔后会因弹性恢复导致铰孔孔径缩小。

153. 攻螺纹时如头锥引偏,用丝锥硬攻,螺纹会产生（　　）。

154. 攻螺纹时丝锥与钻床回转中心（　　）、丝锥切削刃刃磨不对称都会导致螺纹中径增大。

155. 钻床夹具中的钻套可分为（　　）钻套。

二、单项选择题

1. 投影三要素是指（　　）、投影面和投影线。
(A)投影中心　　　(B)投影距离　　　(C)投影角度　　　(D)投影位置

2. 在三视图的投影中,主俯视图(　　)。

(A)高平齐　　　(B)长对正　　　(C)宽相等　　　(D)平行

3. 零件加工后,通过测量所得到的尺寸称为(　　)。

(A)名义尺寸　　　(B)极限尺寸　　　(C)实际尺寸　　　(D)基本尺寸

4. 某一尺寸减去其相应基本尺寸所得的代数差称为(　　)。

(A)极限偏差　　　(B)形状偏差　　　(C)位置偏差　　　(D)尺寸偏差

5. (　　)为一定的孔公差带,与不同基本偏差轴的公差带形成各种配合的一种制度称为基孔制。

(A)极限偏差　　　(B)基本偏差　　　(C)位置偏差　　　(D)尺寸偏差

6. 由代表上下偏差的两条直线所限定的区域称为(　　)。

(A)极限偏差　　　(B)基本偏差　　　(C)尺寸公差带　　　(D)尺寸偏差

7. 当被测要素为轮廓线或表面时,形位公差(　　)应指向该要素的可见轮廓线或其引出线,并与尺寸线错开。

(A)指引线箭头　　　(B)符号　　　(C)框格　　　(D)公差值

8. 在图样中,表面粗糙度符号应注在(　　)、尺寸线、尺寸界限或它们的延长线上。

(A)不可见轮廓线　　　(B)可见轮廓线　　　(C)剖面线　　　(D)折断线

9. 表面粗糙的零件,在间隙配合中会(　　)磨损,在过盈配合中会导致联接松动。

(A)避免　　　(B)减轻　　　(C)加快　　　(D)减缓

10. 硫存在钢中,会使钢产生(　　)。

(A)弹性　　　(B)热塑性　　　(C)热脆性　　　(D)冷脆性

11. (　　)可消除热加工材料的内应力,防止加工后变形。

(A)退火　　　(B)淬火　　　(C)调质　　　(D)正火

12. "HT-200"牌号中的"HT"是灰铸铁的代号,"200"表示该牌号(　　)为 200 MPa。

(A)屈服强度　　　(B)抗拉强度　　　(C)硬度　　　(D)延伸率

13. 齿轮传动的优点是能保持恒定的(　　),传动运动准确可靠。

(A)运动速度　　　(B)旋转速度　　　(C)瞬时传动比　　　(D)角速度

14. 有一外啮合的直齿圆柱标准齿轮,模数为 2 mm,齿数为 32,这个齿数的齿顶圆直径是(　　)mm。

(A)60　　　(B)64　　　(C)68　　　(D)72

15. (　　)适合于各种大型工件上的多孔加工。

(A)立式钻床　　　(B)专用钻床　　　(C)组合钻床　　　(D)摇臂钻床

16. (　　)主要用于加工工件的平面、沟槽、角度、成型表面和切断。

(A)铣床　　　(B)钻床　　　(C)磨床　　　(D)车床

17. 切削过程中的切削力可分解为主切削力、径向抗力和轴向抗力三个相(　　)的切削分力。

(A)平行　　　(B)垂直　　　(C)等　　　(D)交叉

18. 切削用量三要素是(　　)、切削深度和进给量。

(A)工件转速　　　(B)刀具转速　　　(C)切削速度　　　(D)机床转速

19. (　　)刀具材料主要用于用于制作中、低速切削刀具、精加工刀具、多齿刀具和成型刀具。

(A)碳素工具钢 　　　　(B)硬质合金 　　　　(C)陶瓷 　　　　(D)高速钢

20. 刀具的基本几何角度有前角、后角、主偏角、副偏角和( )。

(A)刃倾角 　　　　(B)楔角 　　　　(C)副后角 　　　　(D)刀尖角

21. 刀具的( )是前刀面与基面的夹角。

(A)刃倾角 　　　　(B)前角 　　　　(C)主偏角 　　　　(D)刀尖角

22. 机械油其牌号有 N10、N15、N32、N46、N68 等。牌号中的数字表示机械油的( )，号数小的用于高速轻载机械,号数大的用于低速重载机械。

(A)黏度 　　　　(B)号数 　　　　(C)化学成分 　　　　(D)燃点

23. 切削液具有冷却作用、润滑作用、清洗作用和( )作用。

(A)改善工件机械性能 　(B)润滑机床导轨 　(C)防锈 　　　　(D)保护机床

24. 液压控制阀按其功能可分为方向控制阀、压力控制阀和( )三大类。

(A)两位三通控制阀 　(B)单向阀 　　　　(C)减压阀 　　　　(D)流量控制阀

25. 螺纹千分尺是用来测螺纹( )的。

(A)中径 　　　　(B)外径 　　　　(C)底径 　　　　(D)螺距

26. 外径千分尺通过拆换( )，能改变测量范围。

(A)固定测杆 　　　　(B)测量杆 　　　　(C)活动套管 　　　　(D)螺套

27. 按通用性分,机床夹具可分( )、专用夹具、成组可调夹具和组合夹具。

(A)电磁夹具 　　　　(B)气动夹具 　　　　(C)通用夹具 　　　　(D)手动夹具

28. 钻套是钻床夹具所特有的零件,用来( )钻头等孔加工刀具,提高刀具刚度并保证被加工孔与工件其他表面的相对位置。

(A)测量 　　　　(B)固定 　　　　(C)夹紧 　　　　(D)引导

29. 打样冲孔时,样冲必须( )于划线表面。

(A)垂直 　　　　(B)倾斜 15° 　　　　(C)倾斜 30° 　　　　(D)倾斜 5°

30. 有孔工件划线时,先在孔中安装一个塞块,在塞块上找出孔的( )，再进行划线。

(A)位置 　　　　(B)中心 　　　　(C)圆周 　　　　(D)直径

31. 划线要先划( )和位置线,再划加工线。

(A)平行线 　　　　(B)垂直线 　　　　(C)基准线 　　　　(D)中心线

32. 选择錾子楔角时,在保证足够的( )前提下,尽量取小的数值。

(A)刚度 　　　　(B)锋利性 　　　　(C)硬度 　　　　(D)强度

33. 加工余量大,精度低和表面粗糙的工件应选用锉纹为( )的。

(A)1 号 　　　　(B)3 号 　　　　(C)4 号 　　　　(D)5 号

34. 中齿锯条适用于锯削( )材料。

(A)较硬 　　　　(B)软质 　　　　(C)厚板 　　　　(D)薄板

35. ( )在电路中起安全保护作用。

(A)接触器 　　　　(B)熔断器 　　　　(C)中间继电器 　　　　(D)时间继电器

36. 电力拖动具有很好的( )性能,控制简便而迅速。

(A)制动 　　　　(B)节能 　　　　(C)调速 　　　　(D)安全

37. 电力拖动的( )用于自动控制电机运转的启停、方向、速度及机件运动的位置。

(A)生产机构　　　　　(B)传动机构　　　　(C)电动机　　　　(D)控制装置

38. 在三相四线制交流电的相线与零线之间的电压是(　　)V。

(A)380　　　　　　　(B)220　　　　　　(C)110　　　　　　(D)36

39. 在任何电气设备未经检查证明无电之前,应一律认为(　　)。

(A)可能无电　　　　　(B)可能有电　　　　(C)有电　　　　　(D)无电

40. 剖视图分全剖视、(　　)和半剖视三大类。

(A)阶梯剖视　　　　　(B)旋转剖视　　　　(C)局部剖视　　　(D)复合剖视

41. (　　)有移出剖面和重合剖面两种。

(A)剖面图　　　　　　(B)剖视图　　　　　(C)斜视图　　　　(D)局部视图

42. 装配图中只需标注能表明机器或部件的规格、性能及(　　)、检验、安装所必须的尺寸。

(A)加工　　　　　　　(B)包装　　　　　　(C)涂装　　　　　(D)装配

43. 装配图中的图形要表达出(　　)间的位置、连接方式、配合性质。

(A)图形　　　　　　　(B)零件　　　　　　(C)尺寸　　　　　(D)机器或部件

44. 画零件草图要求内容完整、表达正确、尺寸齐全、要求合理、图线(　　)、比例匀称。

(A)清晰　　　　　　　(B)一致　　　　　　(C)标准　　　　　(D)准确

45. 工艺过程卡片要列出各道(　　)的名称、工种及使用的机床、工人技术等级和工时定额。

(A)工位　　　　　　　(B)工步　　　　　　(C)工序　　　　　(D)工艺路线

46. 工序卡片规定了该(　　)所用的定位面、夹紧面及安装方法。

(A)工位　　　　　　　(B)工步　　　　　　(C)工序　　　　　(D)工艺路线

47. (　　)就是加工后的零件在尺寸、形状和表面位置各方面与理想零件的符合程度。

(A)加工精度　　　　　(B)定位精度　　　　(C)几何精度　　　(D)尺寸精度

48. 在(　　)精度不高的情况下,使用浮动夹头、铰刀可加工出精密孔径。

(A)机床　　　　　　　(B)刀具　　　　　　(C)夹具　　　　　(D)量具

49. 精密双联孔加工主要技术要求是保证孔的(　　)要求。

(A)平行度　　　　　　(B)对称度　　　　　(C)垂直度　　　　(D)同轴度

50. 箱体类零件一般多为铸铁材质,为了消除毛坯(　　)对加工精度的影响,要先进行时效处理。

(A)缩松　　　　　　　(B)砂眼　　　　　　(C)黑皮　　　　　(D)铸造应力

51. 用六个支承点限制工件的(　　)自由度,可使工件在夹具的位置完全确定。

(A)四个　　　　　　　(B)三个　　　　　　(C)六个　　　　　(D)五个

52. 夹具限制的自由度少于必须限制的自由度,称为(　　)。

(A)欠定位　　　　　　(B)过定位　　　　　(C)完全定位　　　(D)六点定位

53. 粗基准只能使用(　　)。

(A)一次　　　　　　　(B)两次　　　　　　(C)三次　　　　　(D)四次

54. 精基准的选用要保证由切削力、(　　)所引起的变形为最小。

(A)夹紧力　　　　　　(B)切削热　　　　　(C)支承力　　　　(D)内应力

55. 定位误差分为定位基准位移误差和(　　)两种。

(A)基准重复误差　　　　(B)基准偏斜误差　　(C)基准不符误差　　(D)欠定位误差

56. 夹紧不能破坏工件的（　　）精度,并保证工件在加工中受压变形最小又不产生松动。

(A)尺寸　　　　　　　　(B)几何　　　　　　(C)位置　　　　　　(D)定位

57. 夹紧力与切削力方向（　　）,可使夹紧力增大。

(A)相反　　　　　　　　(B)相垂直　　　　　(C)成 45°　　　　　(D)一致

58. 标准麻花钻头的锋角 2Φ 是两（　　）之间的夹角。

(A)后面　　　　　　　　(B)前面　　　　　　(C)副切削刃　　　　(D)主切削刃

59. 加大麻花钻头的锋角,将使钻头靠钻心部的后角（　　）。

(A)减小　　　　　　　　(B)加大　　　　　　(C)不变　　　　　　(D)可大可小

60. 普通麻花钻头（　　）减小,将使径向切削分力增大,轴向切削分力减小。

(A)锋角　　　　　　　　(B)前角　　　　　　(C)横刃斜角　　　　(D)副偏角

61. 普通麻花钻头横刃斜角是横刃与（　　）的夹角。

(A)钻头中心　　　　　　(B)前面　　　　　　(C)主切削刃　　　　(D)后面

62. 普通麻花钻头副后角是副后面与孔壁切线的夹角,角度值为（　　）。

(A)1°　　　　　　　　　(B)5°　　　　　　　(C)1.5°　　　　　　(D)0°

63. 基本型群钻钻心部磨出月牙槽,主切削刃磨出分屑槽,横刃修短,形成（　　）七刃。

(A)二尖　　　　　　　　(B)三尖　　　　　　(C)四尖　　　　　　(D)七尖

64. 群钻的三尖具有提高钻头的（　　）作用、分屑作用和加大钻心部前角等作用。

(A)切削　　　　　　　　(B)定心　　　　　　(C)散热　　　　　　(D)强度

65. 铸铁群钻要求钻心部磨出月牙槽,主切削刃磨出双重（　　）,并加大后角,形成三尖八刃。

(A)副偏角　　　　　　　(B)前角　　　　　　(C)锋角　　　　　　(D)横刃斜角

66. 黄铜群钻要求钻心部磨出月牙槽,主切削刃外缘处（　　）磨小,棱边修窄。

(A)前角　　　　　　　　(B)后角　　　　　　(C)主偏角　　　　　(D)刃倾角

67. 手工刃磨麻花钻头时应保持钻头中心与砂轮外圆面夹角与钻头（　　）相一致。

(A)前角　　　　　　　　(B)后角　　　　　　(C)主偏角　　　　　(D)锋角

68. 普通麻花钻头刃磨时（　　）的角度应取 50°~55°。

(A)副偏角　　　　　　　(B)前角　　　　　　(C)锋角　　　　　　(D)横刃斜角

69. 刃磨群钻砂轮的圆角半径应接近群钻的圆弧刃（　　）。

(A)后角　　　　　　　　(B)直径　　　　　　(C)半径　　　　　　(D)长度

70. 群钻刃磨圆弧刃时在（　　）上形成外刃、圆弧刃和内刃。

(A)前面　　　　　　　　(B)后面　　　　　　(C)螺旋面　　　　　(D)主切削刃

71. 刃磨群钻圆弧刃时应使用砂轮的（　　）。

(A)内侧面　　　　　　　(B)圆柱面　　　　　(C)圆角　　　　　　(D)外侧面

72. 丝锥的切削部分磨损时应修磨（　　）,校准部分磨损时应修磨前面。

(A)前面　　　　　　　　(B)后面　　　　　　(C)牙型　　　　　　(D)外径

73. 丝锥的切削部分磨损时应修磨后面,校准部分磨损时应修磨（　　）。

(A)前面　　　　　　　　(B)后面　　　　　　(C)牙型　　　　　　(D)外径

74. 铰刀的（　　）与校准部分的过渡处最容易磨损。

(A)切削部分　　　　　(B)导向部分　　　　　(C)工作部分　　　　　(D)倒锥部分

75. 研磨铰刀的(　　)有径向调整式、轴向调整式和整体式三种。

(A)夹具　　　　　(B)研具　　　　　(C)量具　　　　　(D)工具

76. 钻床型号"Z535"中的第一个"5"是(　　)的代号。

(A)摇臂钻床　　　　　(B)立式钻床　　　　　(C)台式钻床　　　　　(D)卧式钻床

77. 钻床型号"Z3040"中的第一个"3"是(　　)的代号。

(A)摇臂钻床　　　　　(B)立式钻床　　　　　(C)台式钻床　　　　　(D)卧式钻床

78. 摇臂钻床的主轴箱、摇臂及外立柱的夹紧是为了保证钻床在切削时具有足够的刚度和(　　)。

(A)几何精度　　　　　(B)定位精度　　　　　(C)工作精度　　　　　(D)传动精度

79. 在钻床工作前的常规检查时要通过观察变速箱等处的油窗,检查(　　)系统的工作状态是否正常。

(A)电气　　　　　(B)液压　　　　　(C)润滑　　　　　(D)变速

80. 在钻床工作前的常规检查时要通过观察变速箱等处的(　　),检查润滑系统的工作状态是否正常。

(A)油线　　　　　(B)油孔　　　　　(C)油量　　　　　(D)油窗

81. 钻床电机的(　　)损坏时,工作不久电机端盖就会发热,并发出咯咯声。

(A)定子线圈　　　　　(B)转子　　　　　(C)轴承　　　　　(D)电机壳体

82. 当钻床电机(　　)运行时,刚启动运行正常,但过一段时间后电机会发热。

(A)缺相　　　　　(B)过载　　　　　(C)正常　　　　　(D)轴承损坏

83. 钻床镗孔时悬臂镗杆的(　　)是影响镗孔精度的主要因素。

(A)表面粗糙度　　　　　(B)尺寸精度　　　　　(C)材质　　　　　(D)刚性

84. 加大镗杆直径、减小镗杆悬伸长度,或采用(　　)都可提高镗杆刚性。

(A)平衡装置　　　　　(B)加强筋　　　　　(C)减振装置　　　　　(D)导向装置

85. 镗刀采用较大前角、90°主偏角和较小角度值的刃倾角,能减小镗孔时的(　　),可减轻镗杆的挠曲变形。

(A)径向切削分力　　　　　(B)轴向切削分力　　　　　(C)主切削力　　　　　(D)切削合力

86. 用镗模法镗孔是将工件装夹在镗模中,镗杆由镗模两侧的(　　)支承,与钻床主轴浮动连接进行镗孔。

(A)支板　　　　　(B)滚动轴承　　　　　(C)V型块　　　　　(D)导套

87. 精度低的钻床要镗出精度高的孔来,可用(　　)法镗孔。

(A)悬臂镗刀　　　　　(B)铰刀　　　　　(C)镗模　　　　　(D)微调镗刀

88. 孔的深度与孔径比(　　)就算深孔。

(A)$L/d>5$　　　　　(B)$L/d=5$　　　　　(C)$L/d=5\sim2$　　　　　(D)$L/d=30\sim100$

89. 深孔钻孔必须解决好排屑问题、冷却和润滑问题、钻头的(　　)问题。

(A)结构　　　　　(B)长度　　　　　(C)刚性　　　　　(D)导向

90. 常见深孔钻头有炮钻、枪钻、多刃深孔钻、(　　)、加长麻花钻、套料钻等。

(A)内排屑钻　　　　　(B)锪孔钻　　　　　(C)扩孔钻　　　　　(D)扁钻

91. 精孔钻头的两个切削刃要修磨对称,两刃前端圆跳动应小于(　　)mm。

(A)0.8   (B)0.03   (C)0.003   (D)0.5

92. 精钻孔的精钻余量一般为( )mm。

(A)0.01~0.02   (B)0.02~0.05   (C)0.05~0.1   (D)0.2~0.5

93. 精钻孔前一般应先进行预钻孔、( ),最后进行精钻孔。

(A)锪孔   (B)铰孔   (C)扩孔   (D)镗孔

94. 斜面上钻孔、在平面上钻斜孔、在曲面上钻孔都属于钻( )。

(A)深孔   (B)通孔   (C)沉孔   (D)斜孔

95. 钻斜孔时,刚开始钻头受刀端面( )的径向推力,钻尖滑向低侧,钻头弯曲、倾斜并在斜面上打滑,易造成孔中心偏移。

(A)高侧   (B)低侧   (C)左侧   (D)右侧

96. 排屑困难,切屑阻塞导致( )是小孔钻孔存在的主要问题之一。

(A)孔径增大   (B)孔壁粗糙   (C)钻头折断   (D)钻孔倾斜

97. 小孔钻孔须使用钻模或先钻出( )进行引钻,以免钻头引偏或折断钻头。

(A)大孔   (B)深孔   (C)沉孔   (D)中心孔

98. 小孔钻孔如果切削速度偏低或进给量偏大都会导致钻孔( )加大,造成钻头折断。

(A)轴向切削力   (B)径向切削力   (C)主切削力   (D)切削合力

99. 小孔钻应选用精度高、转速在( )以上的钻床。

(A)400 r/min   (B)550 r/min   (C)15 000 r/min   (D)25 000 r/min

100. 半圆孔的形式有( )式半圆孔、轴线相交式半圆孔、腰圆式半圆孔。

(A)轴向剖切   (B)径向剖切   (C)斜剖切   (D)椭圆

101. ( )的钻孔方法之一是将两个工件合在一起钻孔。

(A)轴向剖切式半圆孔   (B)斜孔   (C)腰圆式半圆孔   (D)双联孔

102. 钻( )可在先钻出的孔中嵌入与工件材料相同的圆芯,再钻另一个孔。

(A)轴向剖切式半圆孔   (B)轴线相交式半圆孔

(C)腰圆式半圆孔   (D)双联孔

103. 钻( )可先在一端钻出整圆孔,另一端用半孔钻头加工。

(A)腰圆式半圆孔   (B)轴向剖切式半圆孔

(C)轴线相交式半圆孔   (D)双联孔

104. 薄板和薄壁零件钻孔容易产生多角形孔,严重时工件会被钻头( )或产生扭曲变形。

(A)挤裂   (B)撕裂   (C)胀裂   (D)压裂

105. 薄板和薄壁零件钻孔由于工件( )差,在切削力作用下,工件局部产生弹性变形,孔将透时,局部回弹会导致振动甚至撕裂工件。

(A)柔性   (B)塑性   (C)刚性   (D)脆性

106. 钻薄板和薄壁零件时麻花钻头的主要弱点是钻孔中心不易确定,钻尖高、未等( )全切入工件钻尖已透出工件。

(A)主切削刃   (B)横刃   (C)锋角   (D)主偏角

107. 薄板群钻中间钻尖起到定心钳制作用,两外尖起到( )作用,中间的主切削刃基本不参与钻削。

(A)平衡　　　　　(B)辅助定心　　　　(C)切割　　　　　(D)钻削

108. 组合件钻孔由于两个零件(　　)不一,钻孔容易偏移。

(A)材质软硬　　　(B)加工尺寸　　　　(C)形状　　　　　(D)用途

109. 组合件钻孔应采用(　　)的钻头或半孔钻头。

(A)较短　　　　　(B)较长　　　　　　(C)加长　　　　　(D)硬度较高

110. 组合件钻孔要先铣平(　　)后钻孔。

(A)底面　　　　　(B)侧面　　　　　　(C)平面　　　　　(D)孔端面

111. (　　)钻孔前打样冲孔要偏向较硬零件一侧。

(A)斜面　　　　　(B)相交孔　　　　　(C)组合件　　　　(D)半圆孔

112. 坚硬材料是指热处理后硬度达到(　　)40~50 的工件材料。

(A)HRC　　　　　(B)HRA　　　　　　(C)HB　　　　　　(D)HV

113. 坚硬材料钻孔时应使用(　　)。

(A)中心钻头　　　(B)麻花钻头　　　　(C)群钻　　　　　(D)扩孔钻头

114. 坚硬材料的钻孔应使用双重锋角的(　　)进行。

(A)中心钻头　　　(B)麻花钻头　　　　(C)群钻　　　　　(D)扩孔钻头

115. 坚硬材料钻孔要求钻床的(　　)和工作台刚性要好,避免振动的产生。

(A)主轴轴承　　　(B)主轴　　　　　　(C)主轴变速箱　　(D)主轴系统

116. 坚硬材料钻孔应采用含有(　　)添加剂的切削液,以取得降低摩擦和减小磨损的效果。

(A)硫系　　　　　(B)氯系　　　　　　(C)磷系　　　　　(D)硫—氯系

117. 精密双联孔加工的突出问题是解决两个孔的(　　)要求。

(A)平行度　　　　(B)同轴度　　　　　(C)垂直度　　　　(D)同心度

118. 铸件毛坯的较大直径双联孔应采用(　　)、半精镗、精镗的方法加工。

(A)粗钻　　　　　(B)粗铰　　　　　　(C)粗扩　　　　　(D)粗镗

119. 普通螺纹精度是由螺纹的公差值和螺纹的(　　)两个因素决定的。

(A)外螺纹长度　　(B)内螺纹长度　　　(C)螺纹的旋合长度　(D)螺纹的接触长度

120. 普通螺纹公差带中数字表示(　　),字母表示公差带位置。

(A)公差值　　　　(B)上偏差　　　　　(C)下偏差　　　　(D)公差等级

121. 螺纹标记"M10-5g6g-S"中的 6g 是普通螺纹(　　)公差带代号。

(A)底径　　　　　(B)中径　　　　　　(C)顶径　　　　　(D)底孔

122. 普通螺纹内螺纹公差带位置有(　　)和 H 两种。

(A)E　　　　　　(B)F　　　　　　　(C)G　　　　　　(D)K

123. 普通螺纹旋合长度分三组,分别为短旋合长度、中等旋合长度和长旋合长度,相应代号为(　　)、N 和 L。

(A)X　　　　　　(B)S　　　　　　　(C)M　　　　　　(D)K

124. 螺纹公差带的大小由(　　)确定,并按其大小分为若干等级。

(A)公差值 T　　(B)公差　　　　　　(C)旋合长度　　　(D)精度

125. 普通螺纹内螺纹的小径和(　　)精度等级各分为 4、5、6、7、8 共 5 个等级。

(A)作用中径　　　(B)中径　　　　　　(C)底径　　　　　(D)底孔

126. 在螺纹的（　　）上,牙型的沟槽等于1/2基本螺距。
(A)单一中径线　　　　(B)中径　　　　(C)作用中径　　　　(D)大径

127. 螺纹的作用中径是在旋合长度内,恰好包容（　　）的一个假想螺纹的中径。
(A)外螺纹　　　　(B)假想外螺纹　　　　(C)实际螺纹　　　　(D)实际外螺纹

128. 机动攻螺纹时丝锥与工件底孔的（　　）误差不大于 0.05 mm。
(A)平行度　　　　(B)垂直度　　　　(C)同心度　　　　(D)同轴度

129. 机动攻螺纹时丝锥与工件底孔同轴度误差不大于（　　）mm。
(A)0.001　　　　(B)0.05　　　　(C)0.5　　　　(D)1

130. 螺纹的底孔应保证孔形圆整、轴线垂直,以防止螺纹（　　）和歪斜。
(A)牙型歪斜　　　　(B)牙型不整　　　　(C)牙型角变大　　　　(D)牙型角变小

131. 不通孔攻螺纹的突出问题是排屑困难,螺纹（　　）不易控制,容易折断丝锥。
(A)直径　　　　(B)精度　　　　(C)深度　　　　(D)粗糙

132. （　　）材质工件攻螺纹应使用煤油加植物油或乳化液、煤油作切削液。
(A)灰铸铁　　　　(B)结构钢　　　　(C)铝及合金　　　　(D)铜及合金

133. 灰铸铁材质工件攻螺纹应使用煤油加植物油或乳化液、（　　）作切削液。
(A)煤油　　　　(B)松节油　　　　(C)硫化油　　　　(D)水溶液

134. 55°圆锥螺纹的基准平面就是垂直于轴线、具有（　　）的平面,简称基面。
(A)基准直径　　　　(B)基准距离　　　　(C)基本牙型　　　　(D)基本尺寸

135. 55°圆锥螺纹的基面位置,对内螺纹是大端平面,对外螺纹,在距小端面为（　　）的平面上。
(A)基本长度　　　　(B)基准距离　　　　(C)标准距离　　　　(D)基准距离

136. 在"Rc1½"标记中,Rc 是 55°圆锥内螺纹的（　　）代号。
(A)特征　　　　(B)尺寸　　　　(C)螺纹　　　　(D)牙型

137. 在"Rp1½"标记中,1½是 55°圆柱内螺纹的（　　）代号。
(A)特征　　　　(B)牙型　　　　(C)螺纹　　　　(D)尺寸

138. 攻圆锥内螺纹时,要严格控制（　　）,保证攻螺纹结束时丝锥的基面位于螺孔的端面。
(A)丝锥攻入深度　　　　(B)底孔深度　　　　(C)底孔直径　　　　(D)底孔粗糙度

139. 攻圆锥内螺纹时,由于整个丝锥工作部分都参与切削,所以应选用较低（　　）。
(A)切削深度　　　　(B)进给量　　　　(C)切削速度　　　　(D)切削力

140. 攻（　　）时,由于整个丝锥工作部分都参与切削,所以切削速度应选用低些。
(A)普通内螺纹　　　　(B)圆锥内螺纹　　　　(C)圆锥外螺纹　　　　(D)圆柱内螺纹

141. 根据被测零件的尺寸大小选择相应规格的量具,可保证量具的（　　）能满足被测零件尺寸的需要。
(A)测量精度　　　　(B)测量范围　　　　(C)测量功能　　　　(D)测量方法

142. 用内径千分尺没量孔径前,应根据被测孔（　　）选择合适接杆,并使接杆数量最少,以减少积累误差。
(A)直径　　　　(B)形状　　　　(C)精度　　　　(D)表面粗糙度

143. 测孔径前可用标准环规、量块和量块附件、（　　）校对百分表零位。

(A)游标卡尺   (B)螺纹千分尺   (C)内径千分尺   (D)外径千分尺

144. 螺纹综合测量适用于螺纹(   )的测量。

(A)单一中径   (B)作用中径   (C)小径   (D)中径线

145. 螺纹单项测量适用于螺纹(   )的测量。

(A)单一中径   (B)作用中径   (C)小径   (D)中径线

146. 通端螺纹塞规用来检验内螺纹的作用中径和(   )。

(A)单一中径   (B)底径   (C)小径   (D)大径

147. 止端螺纹塞规的代号是 Z,是用来检验内螺纹的(   )。

(A)单一中径   (B)作用中径   (C)小径   (D)大径

148. R 是(   )工作量规的代号。

(A)普通螺纹   (B)60°圆锥螺纹   (C)管螺纹   (D)55°圆锥螺纹

149. 55°圆锥螺纹(   )的特征是具有完整的外螺纹牙形。

(A)校对环规   (B)螺环塞规   (C)工作量规   (D)工作塞规

150. 55°圆锥内螺纹(   )的功能是加工时检查内螺纹的大径、小径和作用中径。

(A)校对环规   (B)螺环塞规   (C)工作量规   (D)工作塞规

151. 55°圆锥内螺纹检验时螺纹的(   )应处于塞规两测量面间或与测量面齐平。

(A)中径   (B)基准距离   (C)螺尾   (D)基面

152. 钻床精度不高,主轴径向跳动误差过大,能导致铰孔产生(   )。

(A)喇叭口   (B)孔径偏大   (C)孔径偏小   (D)多棱形

153. 机动铰孔时切速度过高,切削液供应不充足,(   )因受热而直径增大,会导致铰孔孔径增大。

(A)工件   (B)铰刀   (C)孔径   (D)主轴

154. 铰孔时,如余量太大或(   ),会造成铰孔过程中金属被撕裂下来,使铰孔直径增大。

(A)切削速度过高   (B)余量太小   (C)进给量太大   (D)进给量太小

155. 攻螺纹头锥引偏,用丝锥硬攻,会产生(   )现象。

(A)牙深不够   (B)中径过大   (C)"掉牙"   (D)牙形面粗糙

156. 圆锥内螺纹底孔直径过大、圆锥螺纹丝锥进入螺孔过深都会导致攻圆锥内螺纹(   )过大。

(A)基面   (B)小径   (C)作用中径   (D)端面

157. 标准群钻主要用来钻削碳钢和(   )。

(A)铸铁   (B)铸铜   (C)合金结构钢   (D)合金工具钢

158. 在通用钻床上加工零件,麻花钻合理的使用寿命参考值一般为(   )min。

(A)20~60   (B)40~80   (C)80~120   (D)100~200

159. 标准群钻上的分屑槽应磨在一条主切削刃的(   )段。

(A)外刃   (B)内刃   (C)圆弧刃   (D)横刃

160. 关于接长钻钻深孔常出现的问题,下列说法不正确的是(   )。

(A)钻头磨损严重   (B)加工时孔易歪斜
(C)切削液不易进入   (D)起钻时不易钻进工件

161. 钻铸铁的群钻第二重顶角为（　　　）。

(A)70° 　　(B)90° 　　(C)110° 　　(D)120°

162. 钻黄铜的群钻，为了避免钻孔的扎刀现象，外刃的纵向前角磨成（　　　）。

(A)8° 　　(B)35° 　　(C)20° 　　(D)45°

163. 钻薄板的群钻，其圆弧的深度应比薄板工件的厚度大（　　　）mm。

(A)1 　　(B)2 　　(C)3 　　(D)4

164. 旋转体在径向截面上有不平衡量，且产生的合力通过其重心，此不平衡称（　　　）。

(A)动不平衡 　　(B)动静不平衡 　　(C)静不平衡 　　(D)动静混合不平衡

165. 在（　　　）中，常采用钻削的方法来加工精孔。

(A)单件生产 　　(B)小批量生产 　　(C)中批量生产 　　(D)大批量生产

166. 钻相交孔，当两孔即将钻穿时，应采用（　　　），以免在偏切的情况下造成钻头折断或孔的歪斜。

(A)机动小进给 　　(B)机动大进给 　　(C)手动小进给 　　(D)手动大进给

三、多项选择题

1. 以下（　　　）属于非金属材料。

(A)玻璃钢 　　(B)工程塑料 　　(C)橡胶 　　(D)铜

2. 钻削由以下（　　　）组成。

(A)切削运动和旋转运动 　　(B)旋转运动

(C)切削运动 　　(D)进给运动

3. 碳素钢的含碳量不大于2%。按含碳量的不同可分为（　　　）。

(A)合金钢 　　(B)中碳钢 　　(C)低碳钢 　　(D)高碳钢

4. Z35 摇臂钻床是万能性机床，主要用于加工中小型零件，可以进行（　　　）加工。

(A)钻孔 　　(B)铰孔 　　(C)扩孔 　　(D)镗孔

5. 工程上常说的三视图是指主视图和（　　　）。

(A)仰视图 　　(B)左视图 　　(C)右视图 　　(D)俯视图

6. 扩孔钻有以下（　　　）特点。

(A)导向性较好 　　(B)增大进给量 　　(C)改善加工质量 　　(D)吃刀深度大

7. 锪孔的主要类型有（　　　）。

(A)圆柱形沉孔 　　(B)圆锥形沉孔 　　(C)锪孔的凸台面 　　(D)阶梯形沉孔

8. 圆锥形锪钻的锥角有（　　　）。

(A)30° 　　(B)60° 　　(C)75° 　　(D)90°

9. 柱形锪钻切削部分的结构由（　　　）组成。

(A)主切削刃 　　(B)前角 　　(C)楔角 　　(D)副切削刃

10. 铰刀选用的材料是（　　　）。

(A)中碳钢 　　(B)高速钢 　　(C)高碳钢 　　(D)铸铁

11. 锥铰刀有（　　　）锥铰刀。

(A)1∶10 　　(B)1∶20 　　(C)1∶30 　　(D)1∶50

12. 标准圆锥形铰刀其结构由（　　　）组成。

(A)工作部分　　　　　(B)颈部　　　　　　(C)柄部　　　　　　(D)前部

13. 铰削铸铁工件时应加(　　)冷却润滑。

(A)柴油　　　　　　　(B)菜油　　　　　　(C)低浓度乳化液　　(D)煤油

14. 钳工常用钻孔设备有(　　)。

(A)台钻　　　　　　　(B)立钻　　　　　　(C)镗床　　　　　　(D)摇臂钻

15. 麻花钻的切削角度有(　　)。

(A)顶角　　　　　　　(B)横刃斜角　　　　(C)后角　　　　　　(D)螺旋角

16. 常用钻床钻模夹具有(　　)。

(A)固定式　　　　　　(B)可调式　　　　　(C)移动式　　　　　(D)组合式

17. 钻模夹具上的钻套一般有(　　)几种。

(A)固定钻套　　　　　(B)可换钻套　　　　(C)快换钻套　　　　(D)特殊钻套

18. 钻削深孔时容易产生(　　)。

(A)定位不准　　　　　(B)振动　　　　　　(C)孔的歪斜　　　　(D)不易排屑

19. 金属材料变形有(　　)。

(A)直线变形　　　　　(B)曲线变形　　　　(C)塑性变形　　　　(D)弹性变形

20. 攻丝常用的工具是(　　)。

(A)板牙　　　　　　　(B)板牙架　　　　　(C)丝锥　　　　　　(D)铰手

21. 套丝常用的工具是(　　)。

(A)圆板牙　　　　　　(B)板牙铰手　　　　(C)扳手　　　　　　(D)螺刀

22. 丝锥常用(　　)制成。

(A)高速钢　　　　　　(B)低碳钢　　　　　(C)铸钢　　　　　　(D)碳素工具钢

23. 丝锥的几何参数主要有(　　)。

(A)切削锥角　　　　　(B)前角　　　　　　(C)后角　　　　　　(D)切削刃方向

24. 标准螺纹包括(　　)螺纹。

(A)普通　　　　　　　(B)管　　　　　　　(C)梯形　　　　　　(D)锯齿形

25. 采用动压润滑必须具有(　　)等条件。

(A)油楔　　　　　　　(B)能注入压力油　　(C)一定的运动速度　(D)润滑油有黏度

26. 测量方法误差可能是(　　)等原因引起的。

(A)计算公式不准确　　　　　　　　　　　(B)测量方法选择不当

(C)工件安装不合理　　　　　　　　　　　(D)计量器制造不理想

27. 在测量过程中影响测量数据准确性的因素很多,其中主要有(　　)。

(A)计量器具误差　　　(B)测量方法误差　　(C)标准器误差　　　(D)环境误差

28. 常用于消除系统误差的测量方法有(　　)等。

(A)反向测量补偿法　　(B)基准变换消除法　(C)对称测量法　　　(D)直接测量法

29. 装夹误差包括(　　)。

(A)夹紧误差　　　　　　　　　　　　　　(B)刀具近似误差

(C)成形运动轨迹误差　　　　　　　　　　(D)基准位移误差

30. 在钻床上可以进行(　　)加工。

(A)锪平面　　　　　　(B)齿槽　　　　　　(C)钻孔　　　　　　(D)铰孔

31. 标准群钻磨出的月牙槽,将主切削刃分成三段能(　　　)。
(A)分屑　　　　　　(B)断屑　　　　　　(C)使排屑流畅　　　(D)减少热变形

32. 钻削特殊孔包括(　　　)。
(A)精密孔　　　　　(B)小孔　　　　　　(C)深孔　　　　　　(D)多孔

33. 钻精密孔需采取以下(　　　)措施。
(A)改进钻头切削部分几何参数　　　　(B)选择合适的切削用量
(C)改进加工环境　　　　　　　　　　(D)提高切削液质量

34. 钻小孔的加工特点是(　　　)。
(A)加工直径小　　　　　　　　　　　(B)排屑困难
(C)切削液很难注入切削区　　　　　　(D)刀具重磨困难

35. 在斜面上钻孔,可采取(　　　)的措施。
(A)铣出一个平面　　　　　　　　　　(B)车出一个平面
(C)錾出一个小平面　　　　　　　　　(D)锯出一个平面

36. 加工某钢质工件上的 $\phi20H8$ 孔,要求 Ra 为 $0.8\ \mu m$,常选用(　　　)等加工方法。
(A)钻—扩—粗铰—精铰　　　　　　　(B)钻—拉
(C)钻—扩—镗　　　　　　　　　　　(D)钻—粗镗(或扩)—半精镗—磨

37. 圆锥销为 1:50 锥度,使用特点有(　　　)。
(A)可自锁　　　　　(B)定位精度较高　　(C)允许多次装拆　　(D)不便于拆卸

38. 螺栓按螺距分为(　　　)。
(A)普通　　　　　　(B)细扣　　　　　　(C)英制　　　　　　(D)管螺纹

39. 润滑剂的选择正确的是(　　　)。
(A)作用力大、温度高、载荷冲击变动大使用黏度大的润滑油
(B)粗糙或未经跑合的表面,使用黏度较高的润滑油
(C)冬季使用黏度较大的润滑油
(D)夏季使用黏度较小的润滑油

40. 零件图上的技术要求包括(　　　)。
(A)表面粗糙度　　　(B)尺寸公差　　　　(C)热处理　　　　　(D)表面处理

41. 刀具的非正常磨损包括(　　　)。
(A)前刀面磨损　　　(B)卷刃　　　　　　(C)破损　　　　　　(D)后刀面磨损

42. 在机械制造中使用夹具有以下(　　　)优点。
(A)能保证工件的加工精度
(B)减少辅助时间,提高生产效率
(C)扩大了通用机床的使用范围
(D)能使低等级技术工人完成复杂的施工任务

43. 切削塑性金属材料时,切削层的金属往往要经过以下(　　　)阶段。
(A)挤压　　　　　　(B)滑移　　　　　　(C)挤裂　　　　　　(D)切离

44. 刀具切削部分的材料应具备如下(　　　)性质。
(A)高的硬度　　　　　　　　　　　　(B)足够的强度和韧性
(C)高的耐磨性　　　　　　　　　　　(D)良好的工艺性

45. 常用的刀具材料有(　　)。

(A)碳素工具钢　　　(B)软质工具钢　　　(C)高速工具钢　　　(D)合金工具钢

46. 影响刀具寿命的主要因素有(　　)。

(A)工件材料　　　(B)刀具材料　　　(C)刀具的几何参数　(D)切削用量

47. 零件加工精度包括(　　)。

(A)绝对位置　　　(B)尺寸　　　(C)几何形状　　　(D)相对位置

48. 砂轮是由(　　)粘结而成的。

(A)磨料　　　(B)特殊粘结剂　　　(C)石头　　　(D)胶水

49. 刀具磨钝标准分(　　)两种。

(A)粗加工磨钝标准　(B)精加工磨钝标准　(C)加工标准　　　(D)磨钝标准

50. 在切削过程中,工件上形成(　　)三个表面。

(A)粗表面　　　(B)待加工表面　　　(C)加工表面　　　(D)已加工表面

51. 工件的装夹包括(　　)两个内容。

(A)定位　　　(B)上装　　　(C)下装　　　(D)夹紧

52. 在机械中销连接主要作用是(　　)。

(A)锁定零件　　　(B)定位　　　(C)连接　　　(D)分离

53. 刀具常用的切削材料有(　　)。

(A)高速钢　　　(B)硬质合金钢　　　(C)碳素工具钢　　　(D)Q235钢

54. 工艺系统的几何误差是指(　　)。

(A)操作误差　　　(B)机床误差　　　(C)刀具误差　　　(D)夹具误差

55. 影响切削力的因素有(　　)。

(A)切削速度　　　(B)工件材料　　　(C)切削用量　　　(D)刀具几何参数

56. 刀具磨损的原因有(　　)。

(A)机械磨损　　　(B)腐蚀磨损　　　(C)撞击磨损　　　(D)热效应磨损

57. 常用螺纹连接的基本形式有(　　)。

(A)螺栓　　　(B)双头螺柱　　　(C)螺旋铆钉　　　(D)螺钉

58. 夹具常用的定位元件有(　　)。

(A)支承板　　　(B)定位衬套　　　(C)V形架　　　(D)定位销

59. 常用的夹紧元件有(　　)。

(A)螺母　　　(B)压板　　　(C)T形槽　　　(D)支承钉

60. 切削力可以分解为(　　)。

(A)法向力　　　(B)切向力　　　(C)径向力　　　(D)轴向力

61. 润滑剂的种类有(　　)。

(A)润滑油　　　(B)润滑脂　　　(C)固体润滑剂　　　(D)润滑液

62. 常用的热强钢有(　　)。

(A)马氏体钢　　　(B)奥氏体钢　　　(C)洛氏体钢　　　(D)莫氏体钢

63. 塑料应用较多的是(　　)。

(A)聚四氟乙烯　　　(B)聚乙烯　　　(C)聚氯乙烯　　　(D)尼龙

64. 生产线的零件工序检验有(　　)。

(A)自检　　　　　　　(B)他检　　　　　　(C)抽检　　　　　　(D)全检

65.（　　）是提高劳动生产率的有效方法。

(A)改进工艺　　　　　(B)增加人　　　　　(C)增加设备　　　　(D)改进机床

66.切削液可分为(　　)。

(A)水溶液　　　　　　(B)切削剂　　　　　(C)乳化液　　　　　(D)油液

67.切削液的作用有(　　)。

(A)冷却　　　　　　　(B)润滑　　　　　　(C)洗涤　　　　　　(D)排屑

68.生产类型可分为(　　)。

(A)少量生产　　　　　(B)单件生产　　　　(C)成批生产　　　　(D)大量生产

69.广泛应用的视图有(　　)。

(A)主视图　　　　　　(B)俯视图　　　　　(C)左视图　　　　　(D)仰视图

70.金属材料分为(　　)。

(A)黑色金属　　　　　(B)红色金属　　　　(C)有色金属　　　　(D)钢铁金属

71.相关原则是图样上给定的(　　)两个相互有关的公差原则。

(A)形位公差　　　　　(B)相位公差　　　　(C)尺寸公差　　　　(D)尺寸偏差

72.在切削时冲注切削液,切削液的作用为(　　)。

(A)清洗作用　　　　　(B)冷却作用　　　　(C)润滑作用　　　　(D)防锈作用

73.铰刀根据加工孔的形状分为(　　)。

(A)菱形　　　　　　　(B)正方形　　　　　(C)圆柱形　　　　　(D)圆锥形

74.夹具中夹紧部分的作用有(　　)。

(A)将动力源转化为夹紧力　　　　　　　　(B)将旋转力转化为夹紧力矩

(C)改变原动力方向　　　　　　　　　　　(D)改变原动力大小

75.位置公差中平行度符号是(　　)。

(A)⊥　　　　　　　　(B)∥　　　　　　　(C)◎　　　　　　　(D)+

76.可以用来测量工件内孔尺寸的量具有(　　)。

(A)游标卡尺　　　　　(B)内径千分尺　　　(C)杠杆百分表　　　(D)角度尺

77.为提高钻头切削部分的切削性能,可以(　　)。

(A)增大前角　　　　　(B)减小后角　　　　(C)加长横刃　　　　(D)采用群钻形式

78.可造成钻头产生折断的原因,有(　　)。

(A)装夹不牢固　　　　(B)扎刀现象　　　　(C)进给量太小　　　(D)钻头崩刃

79.在利用麻花钻钻孔时,提高钻头的强度和刚度,可采取的方法有(　　)。

(A)钻头的螺旋槽内螺旋角增大　　　　　　(B)加长钻头的导向部分长度

(C)加粗钻心直径　　　　　　　　　　　　(D)加大钻头倒锥角度

80.为提高麻花钻切削性能,以下正确的操作是(　　)。

(A)减小前角的角度　　　　　　　　　　　(B)增大后角

(C)修磨横刃,使之形成的内刃前角增大　　(D)采用群钻的结构形式

81.钻孔时,产生孔壁粗糙的原因有(　　)。

(A)钻头不锋利　　　　　　　　　　　　　(B)后角太小

(C)进刀量太大　　　　　　　　　　　　　(D)冷却不足,冷却液润滑差

82. 钻精密孔时,改进钻头的正确方法是(   )。
(A)后角不宜过大,控制其大小
(B)磨出负刃倾角
(C)磨宽刃带
(D)磨出第二锋角,且角度小于75°

83. 利用麻花钻钻孔时,如出现孔径增大,产生的原因可能有(   )。
(A)钻头左右切削刃不对称
(B)钻头横刃太短
(C)钻头弯曲
(D)进给太大

84. 按照量具的用途和特点,可将其分为(   )等几种类型。
(A)万能
(B)标准
(C)通用
(D)专用

85. 游标卡尺按其精确度,可分为以下(   )几种。
(A)0.1 mm
(B)0.05 mm
(C)0.02 mm
(D)0.01 mm

86. 测量误差可分为(   )等几类。
(A)系统误差
(B)随机误差
(C)粗大误差
(D)精度误差

87. 任何工件的几何形状都是由(   )构成的。
(A)点
(B)线
(C)面
(D)体

88. 选择铰削余量时,应考虑铰孔的精度以及(   )和铰刀的类型等因素的综合影响。
(A)孔深度
(B)孔径大小
(C)材料软硬
(D)表面粗糙度

89. 尺寸链按应用情况可分为(   )。
(A)基本尺寸链
(B)工艺尺寸链
(C)装配尺寸链
(D)零件尺寸链

90. 下列立体的表面属于展面的是(   )。
(A)球面
(B)锥面
(C)柱面
(D)螺旋面

91. 为保证机械或工程构件的正常工作,构件应满足(   )要求。
(A)强度
(B)刚度
(C)塑性
(D)稳定性

92. 常用的铸铁性能优点有(   )。
(A)抗拉强度高,冲击韧性好
(B)良好的铸造性能
(C)可加工性能好
(D)良好压力加工性能

93. 锉刀分为(   )等几类,按其规格分为锉刀的尺寸规格和锉纹的粗细规格。
(A)普通锉刀
(B)钳工锉刀
(C)特种锉刀
(D)整形锉刀

94. 钻小孔的加工特点是(   )。
(A)加工直径小
(B)排屑困难
(C)切削液很难注入切削区
(D)刀具重磨困难

95. 切削加工过程中,工件上形成(   )等几个表面。
(A)工件表面
(B)切削表面
(C)主表面
(D)进给表面

96. 立体划线时,工件的支承与安放方式决定于(   )。
(A)工件形状
(B)装配方向
(C)装配次序
(D)工件大小

97. 利用分度头可在工件上划出(   )或不等分线。
(A)水平线
(B)垂直线
(C)倾斜线
(D)等分线

98. 对于大型工件的划线,当第一划线位置确定后,应选择大而平直的面,作为安置基面,以保证划线时(   )。
(A)准确
(B)平稳
(C)安全
(D)简易

99. 常用划线基准种类有(　　)。
(A)以两个互相垂直的平面为基准 　　　(B)以两个平面为基准
(C)以一个平面与一个中心平面为基准 　(D)以两个互相垂直的中心平面为基准

100. 螺纹的牙型包括(　　)形和圆形等。
(A)三角 　　　　　(B)梯 　　　　　(C)矩 　　　　　(D)锯齿

101. 下列对标准麻花钻的缺点叙述正确的是(　　)。
(A)横刃较长,横刃处前角为零
(B)主切削刃上各点前角大小不一样
(C)棱边处负后角为负值
(D)靠近钻心处前角为负

102. 下列对标准麻花钻的缺点叙述错误的是(　　)。
(A)横刃较长,横刃处前角为零
(B)主切削刃上各点前角大小不一样
(C)棱边处负后角为负值
(D)靠近钻心处前角为负

103. 下列对标准群钻叙述正确的是(　　)。
(A)标准群钻主要用来钻削碳钢和各种合金结构钢,应用最广
(B)磨出月牙槽,形成凹形圆弧刃,把主切削刃分成 3 段
(C)圆弧刃上各点前角增大,减小了切削阻力,可提高切削效率
(D)降低了钻尖高度,可将横刃磨得较短而不影响钻尖强度

104. 下列对标准群钻叙述错误的是(　　)。
(A)磨出月牙槽后,使切屑变窄
(B)磨出分屑槽,形成凹形圆弧刃,把主切削刃分成 3 段
(C)圆弧刃上各点前角增大,减小了切削阻力,可提高切削效率
(D)降低了钻尖高度,可将横刃磨得较短而不影响钻尖强度

105. 薄板群钻的特点是(　　)。
(A)薄板群钻两切削刃外缘磨成锋利的刀尖,钻心尖在高度上仅相差 1~2 mm
(B)薄板群钻两切削刃外缘磨成锋利的刀尖,钻心尖在高度上仅相差 0.5~1.5 mm
(C)薄板群钻又称三尖钻
(D)薄板群钻的特征要点是迂回、钳制靠三尖,内定中心外切圆

106. 对于薄板群钻的特点下列说法不正确的是(　　)。
(A)薄板群钻两切削刃外缘磨成锋利的刀尖,钻心尖在高度上仅相差 1~2 mm
(B)薄板群钻两切削刃外缘磨成锋利的刀尖,钻心尖在高度上仅相差 0.5~1.5 mm
(C)薄板群钻又称三尖钻
(D)薄板群钻的特征要点是迂回、钳制靠三尖,内定中心外切圆

107. 钻小孔的加工特点是(　　)。
(A)加工直径小 　　　　　　　　　　(B)排屑困难
(C)切削液很难注入切削区 　　　　　(D)刀具重磨困难

108. 钻小孔的难点是(　　)。

（A）钻头直径小,强度低

（B）钻孔时,转速高,产生的切削温度高,又不易散热,加剧了钻头的磨损

（C）螺旋槽又比较窄,不易排屑

（D）钻头容易折断,钻头刚性差

109. 下列对钻削小孔要点说法正确的是（　　　）。

（A）选用精度较高的钻床

（B）采用相应的小型钻夹头

（C）开始时,进给力要小

（D）不可频繁提起钻头

110. 钻小孔时使用的分屑措施有（　　　）。

（A）双重锋角　　　　　　　　　　　　（B）单边第二锋角

（C）单边分屑槽　　　　　　　　　　　（D）台阶刃

111. 钻斜孔的三种情况是指（　　　）。

（A）在斜面上钻孔　　　　　　　　　　（B）在斜面上钻斜孔

（C）在平面上钻斜孔　　　　　　　　　（D）在曲面上钻孔

112. 下列对钻斜孔操作叙述正确的是（　　　）。

（A）钻头切削刃上负荷不均

（B）钻头易崩刃或折断

（C）可能因钻头偏斜而钻不进工件

（D）很难保证孔的正确位置

113. 钻斜孔可以采用的方法是（　　　）。

（A）用錾子在斜面上錾出一个平面,然后用中心钻钻出一个中心孔,再用所需钻头钻孔

（B）钻斜孔时,可先用与孔径相等的立铣刀在斜面上铣出一个平面,然后再钻孔

（C）可用錾子在斜面上錾出一个平面,然后用小钻头钻出一个浅孔,再用所需的钻头钻孔

（D）可以在斜面上直接钻孔

114. 下列叙述中对于钻斜孔采用的方法不正确的是（　　　）。

（A）用錾子在斜面上錾出一个平面,然后用中心钻钻出一个中心孔,再用所需钻头钻孔

（B）钻斜孔时,可先用与孔径相等的立铣刀在斜面上铣出一个平面,然后再钻孔

（C）可以在斜面上直接钻孔

（D）可以采用手动进给

115. 钻削深孔时容易产生（　　　）。

（A）孔的歪斜　　　　（B）振动　　　　（C）定位不准　　　　（D）不易排屑

116. 下列叙述中属于钻削深孔时容易产生的问题是（　　　）。

（A）定位不准　　　　（B）冷却润滑困难　　　（C）孔容易歪斜　　　（D）不易排屑

117. 对于钻削深孔下列说法正确的是（　　　）。

（A）钻深孔时,切削速度不能太高

（B）钻深孔时,切削速度不能太低

（C）钻深孔时,钻头的导向部分要有很好的刚度

（D）钻深孔时,钻头的导向部分要有很好的导向性

118. 对于钻削深孔下列说法不正确的是(   )。
(A)钻深孔时,切削速度不能太高
(B)钻深孔时,切削速度不能太低
(C)钻深孔时,钻头的导向部分要有很好的塑性
(D)钻深孔时,钻头的导向部分要有很好的导向性

119. 下列叙述对于钻削相交孔说法正确的是(   )。
(A)先钻直径较大的孔,再钻直径较小的孔
(B)先钻直径较小的孔,再钻直径较大的孔
(C)孔与孔即将钻穿时须减小进给量
(D)孔与孔即将钻穿时须增大进给量

120. 下列叙述对于钻削相交孔说法不正确的是(   )。
(A)先钻直径较大的孔,再钻直径较小的孔
(B)先钻直径较小的孔,再钻直径较大的孔
(C)孔与孔即将钻穿时须减小进给量
(D)孔与孔即将钻穿时须增大进给量

121. 钻精孔时,将普通麻花钻修磨成精孔钻头,可(   )。
(A)磨出第二个顶角   (B)将外缘尖角全部磨成圆弧过渡刃
(C)将钻头前端棱边磨窄   (D)磨出分屑槽

122. 钻精密孔需采取以下措施(   )。
(A)改进钻头切削部分几何参数
(B)选择合适的切削用量
(C)改进加工环境
(D)提高切削液质量

123. 下列对钻精孔的叙述正确的是(   )。
(A)钻精孔时钻头应尽可能短一些
(B)钻精孔时钻头应尽可能长一些
(C)钻削时,切削液要充足
(D)钻精孔使用的机床精度应较高

124. 下列对钻精孔的叙述不正确的是(   )。
(A)钻精孔时钻头应尽可能短一些
(B)钻精孔时钻头应尽可能长一些
(C)钻精孔使用的机床精度应较高
(D)钻头应尽可能短一些以增加其韧性

125. 下列对于钻削半圆孔叙述正确的是(   )。
(A)当两孔相交部分较少,可先钻小孔,再钻大孔
(B)可使用半圆孔钻头钻孔
(C)当两孔相交部分较少,可先钻大孔,再钻小孔
(D)由于钻头两切削刃所受的切削力不平衡,会使钻头偏斜、弯曲

126. 钻半圆孔易出现的问题是(   )。

（A）不易冷却   （B）钻出的孔不圆   （C）不易排屑   （D）轴线倾斜

127. 安全检查包括下列（   ）检查方法。

（A）企业自检   （B）企业与企业间检查

（C）地区与地区间检查   （D）班组自检

128. 组织安全检查，就是做下列（   ）工作。

（A）有计划的进行检查

（B）发动职工关心安全

（C）参与寻找不安全因素

（D）记录和总结安全

129. 安全检查内容中的各项规章制度，包括下列（   ）内容。

（A）安全教育制度   （B）技术培训制度

（C）安全技术操作规程   （D）施工中的安全措施

130. 检查、寻找生产现场不安全的物质状态，即检查企业的下列（   ）内容是否符合安全和工业卫生标准的要求。

（A）劳动条件   （B）生产设备   （C）安全卫生设施   （D）办公用品

131. 安全检查的方式，包括下列（   ）种类。

（A）定期检查   （B）突击检查   （C）连续检查   （D）特种检查

132. 下列（   ）是特种检查的范围。

（A）事故调查   （B）卫生调查   （C）新设备的安装   （D）新工艺的采用

133. 使用警告牌，下列（   ）是正确的方法。

（A）字迹应清晰   （B）挂在明显位置   （C）必须是金属做的   （D）不相互代用

134. 拟定零件加工工艺路线时，遵守粗精加工分开的原则可以带来的好处有（   ）。

（A）有利于主要表面不被破坏   （B）可及早发现毛坯内部缺陷

（C）为合理选用机床设备提供可能   （D）可减少工件安装次数和变形误差

135. 铝合金特点有（   ）。

（A）重量轻   （B）导热导电性较好

（C）塑性好、抗氧化性好   （D）高强度铝合金强度可与碳素钢相近

136. 螺栓按螺距分为（   ）。

（A）普通   （B）细扣   （C）英制   （D）管螺纹

137. 两部件永久的连接方式（   ）。

（A）焊接   （B）铆接   （C）销连接   （D）键连接

四、判断题

1. 职业是人们所从事的负有一定社会责任、具有一定专门业务、作为生活来源并且相对稳定的工作。（   ）

2. 职业道德是一定的社会关系中，从事一定职业的人们在职业生活中所应遵循的道德原则、道德规范和道德范畴。（   ）

3. 职业道德的特征包括：职业性、可规范性。（   ）

4. 职业道德规范包括职业技能。（   ）

5. 职业道德的载体包括职业理想、职业态度、职业技能、职业纪律和职业作风。(　　)

6. 职业守则要求从业者爱护设备及工具、夹具、刀具、量具。(　　)

7. 从业人员只要遵守行业习惯和企业有关规定就可以了。(　　)

8. 职业守则要求从业人员做到爱岗敬业,具有高度的责任心。(　　)

9. 职业守则要求从业人员严格执行工作程序、工作规范、工艺文件和安全操作规程。(　　)

10. 从业人员上岗要做到衣服整洁,符合规定。(　　)

11. 投影三要素是指投影中心、投影面和投影线。(　　)

12. 三视图的投影规律是:主俯视图长对正;主左视图高平齐;主左视图宽相等。(　　)

13. 零件加工后,通过测量所得到的尺寸称为实际尺寸。(　　)

14. 某一尺寸减去其相应基本尺寸所得的代数差称为极限偏差。(　　)

15. 基本偏差为一定的孔公差带,与不同基本偏差轴的公差带形成各种配合的一种制度称为基轴制。(　　)

16. 由代表上下偏差的两条直线所限定的区域称为尺寸公差带。(　　)

17. 当被测要素为轮廓线或表面时,形位公差指引线箭头应指向该要素的尺寸线。(　　)

18. 在图样中,表面粗糙度符号应注在可见轮廓线、尺寸线、尺寸界限或它们的延长线上。(　　)

19. 表面粗糙的零件,在间隙配合中会导致联接松动,在过盈配合中会加快磨损。(　　)

20. 硫存在钢中,会使钢产生冷脆性。(　　)

21. 淬火可消除热加工材料的内应力,防止加工后变形。(　　)

22. "HT-200"牌号中的"HT"是灰铸铁的代号,"200"表示该牌号抗拉强度为 200 MPa。(　　)

23. 齿轮传动的优点是能保持恒定的旋转速度,传动运动准确可靠。(　　)

24. 有一外啮合的直齿圆柱标准齿轮,模数为 2 mm,齿数为 32,这个齿数的齿顶圆直径是 68 mm。(　　)

25. 立式钻床适合于各种大型工件上的多孔加工。(　　)

26. 车床主要用于加工工件的平面、沟槽、角度、成型表面和切断。(　　)

27. 切削过程中的切削力可分解为主切削力、径向抗力和轴向抗力三个相垂直的切削分力。(　　)

28. 切削用量三要素是机床转速、切削深度和进给量。(　　)

29. 刀具材料主要有高速钢、硬质合金和超硬非金属刀具材料。(　　)

30. 碳素工具钢刀具材料主要用于制作中、低速切削刀具、精加工刀具、多齿刀具和成型刀具。(　　)

31. 刀具的基本几何角度有前角、后角、主偏角、副偏角和楔角。(　　)

32. 刀具的前角是前刀面与基面的夹角,刃倾角则是主切削刃与基面的夹角。(　　)

33. 机械油其牌号有 N10、N15、N32、N46、N68 等。牌号中的数字表示机械油的号数,号

数小的用于低速重载机械,号数大的用于高速轻载机械。(　　)

34. 切削液具有冷却作用、润滑作用、清洗作用和防锈作用。(　　)

35. 液压控制阀按其功能可分为方向控制阀、压力控制阀和流量控制阀三大类。
(　　)

36. 螺纹千分尺是用来测螺纹外径的。(　　)

37. 外径千分尺通过拆换测量杆,能改变测量范围。(　　)

38. 按通用性分,机床夹具可分通用夹具、专用夹具、成组可调夹具和组合夹具。
(　　)

39. 钻套是钻床夹具所特有的零件,用来夹紧钻头等孔加工刀具。(　　)

40. 打样冲孔时,样冲必须垂直于划线表面。(　　)

41. 有孔工件划线时,先在孔中安装一个塞块,在塞块上找出孔的中心,再进行划线。
(　　)

42. 划线要先划加工线和位置线,再划基准线。(　　)

43. 选择錾子楔角时,在保证足够的强度前提下,尽量取小的数值。(　　)

44. 加工余量大,精度低和表面粗糙的工件应选用锉纹较细的锉刀。(　　)

45. 中齿锯条适用于锯削较硬材料。(　　)

46. 熔断器在电路中起安全保护作用。(　　)

47. 电力拖动具有很好的调速性能,控制简便而迅速。(　　)

48. 电力拖动的电动机用于自动控制电机运转的启停、方向、速度及机件运动的位置。
(　　)

49. 在三相四线制交流电的相线与零线之间的电压是 380 V。(　　)

50. 常见的触电方式有单相触电、双相触电和跨步电压触电。(　　)

51. 在任何电气设备未经检查证明无电之前,应一律认为无电。(　　)

52. 为了保证自身清洁卫生、做到文明生产,机床操作工工作时要穿大褂式工作服。
(　　)

53. 钻削过程中不准直接用手去清理切屑。(　　)

54. 固体废弃物分为有毒有害废弃物和危险化学品废弃物两种。(　　)

55. 企业质量方针是企业每一个职工在开展质量管理活动中所必须遵守和依从的行动指
南。(　　)

56. 岗位质量要求可以明确企业每一个人在质量工作上的具体任务、责任和权利。
(　　)

57. 岗位质量保证措施要求从业者应严格按照技术图纸、工艺规程进行生产。(　　)

58. 接受职业技能培训是劳动者应享受的权利之一。(　　)

59. 劳动保护和劳动条件不包括在劳动合同条款之内。(　　)

60. 劳动合同的解除,是指当事人双方提前终止劳动合同的法律效力,解除双方的权利义
务关系。(　　)

61. 剖面图有移出剖面和重合剖面两种。(　　)

62. 装配图就是由一组图形组成。(　　)

63. 装配图中要标注能反映机器或部件的规格、性能及装配检验、安装所必须的尺寸。

（   ）

64. 装配图中的图形要表达出零件间的位置、连接方式、配合性质。（   ）

65. 工艺过程卡片要列出各道工步的名称、工种及使用的机床、工装、工人等级和工时定额。（   ）

66. 工序卡片规定了该工步所用的定位面、夹紧面及安装方法。（   ）

67. 工艺系统的变形包括工艺系统的受力变形和工艺系统的热变形。（   ）

68. 尺寸链中的各尺寸简称为环，环分为封闭环和组成环。（   ）

69. 使用浮动夹头、铰刀加工精密孔径可降低对钻床精度的要求。（   ）

70. 箱体类零件一般为铸铁材质，为了消除毛坯铸造缩松对加工精度的影响，要先进行时效处理。（   ）

71. 过定位会对工件自由度的限制得到加强，因而能提高加工精度。（   ）

72. 夹具限制的自由度少于必须限制的自由度，称为欠定位。（   ）

73. 粗基准的选用要保证由切削力、夹紧力所引起的变形为最小。（   ）

74. 定位误差分为定位基准位移误差和基准不符误差两种。（   ）

75. 工件装夹时夹紧不能破坏工件的精度，并保证工件在加工中受压变形最小又不产生松动。（   ）

76. 减小麻花钻头的锋角会使钻头靠外缘处的前角将加大，靠钻心部前角将减小。（   ）

77. 麻花钻头主切削刃上不同半径处的前角是不同的，随着半径的减小而增大。（   ）

78. 麻花钻头主切削刃上不同半径处的前角是不同的，随着半径的增大而增大。（   ）

79. 普通麻花钻头的副后角是副后面与孔壁切线的夹角，角度值为5°。（   ）

80. 群钻的三尖具有提高钻头的定心性能作用、分屑作用和加大钻心部前角等作用。（   ）

81. 铸铁群钻的钻心部应磨出月牙槽，主切切刃磨出双重前角，并磨出分屑槽。（   ）

82. 黄铜群钻的钻心部应磨出月牙槽，主切削刃外缘处前角磨小，棱边修窄。（   ）

83. 手工刃磨麻花钻头时应保持钻头中心与砂轮外圆面夹角与锋角 2Φ 相同。（   ）

84. 普通麻花钻头刃磨主切削刃同时形成的几何角度有锋角、前角、后角、横刃斜角。（   ）

85. 麻花钻头的后角是横刃斜角的派生角度。（   ）

86. 由于群钻几何形状较复杂，因此只能机械刃磨。（   ）

87. 一般群钻特有的"三尖"是刃磨圆弧刃时形成的。（   ）

88. 刃磨群钻圆弧刃时应使用砂轮的侧面。（   ）

89. 刃磨群钻圆弧刃时应使用砂轮的圆柱面。（   ）

90. 丝锥的切削部分磨损时应修磨后面，校准部分磨损时应修磨前面。（   ）

91. 铰刀的切削部分与校准部分的过渡处最容易磨损。（   ）

92. 铰刀的切削部分与校准部分的过渡处不容易磨损。（   ）

93. 研磨铰刀的研具有径向调整式、轴向调整式和整体式三种。（   ）

94. 钻床型号"Z535"中的第一个"5"是摇臂钻床的代号。(　　　)

95. 立式钻床工作台的升降是摇动手柄通过齿轮齿条传动实现的。(　　　)

96. 摇臂钻床的主轴箱、摇臂及外立柱的夹紧是为了保证钻床在切削时具有足够的刚度和定位精度。(　　　)

97. 在钻床工作前的常规检查时要通过观察变速箱等处的油窗,检查润滑系统的工作状态是否正常。(　　　)

98. 钻床电机轴承损坏时,工作不久电机端盖就会发热,并发出咯咯声。(　　　)

99. 钻床镗孔时悬臂镗杆的刚性是影响镗孔精度的主要因素。(　　　)

100. 镗刀采用较大前角、较大主偏角和较小角度值的刃倾角,能减小镗孔时的轴向切削分力,提高镗孔精度。(　　　)

101. 精镗时切削速度不宜太高、并采用较小切削深度和较小进给量。(　　　)

102. 用镗模法镗孔是将工件装夹在镗模中,镗杆由镗模两侧的导套支承,并与钻床主轴刚性连接进行镗孔。(　　　)

103. 用镗模法镗孔,精度低的钻床可加工出精度高的孔来。(　　　)

104. 用加长麻花钻深孔时每钻进一定深度都应退出钻头,以进行排屑和冷却。(　　　)

105. 用加长麻花钻深孔时每钻进一定深度都应退出钻头,以进行深度测量。(　　　)

106. 常见深孔钻头有炮钻、枪钻、多刃深孔钻、内排屑钻、加长麻花钻、套料钻等。(　　　)

107. 精钻孔的精钻余量一般为 0.1～0.5 mm。(　　　)

108. 精钻孔进给量太小时,刀刃与加工表面形成摩擦,产生表面硬化,并造成切削振动,使孔壁产生振纹。(　　　)

109. 精钻孔前一般应先进行钻孔、铰孔,最后进行精钻孔。(　　　)

110. 斜面上钻孔、在平面上钻斜孔、在曲面上钻孔都属于钻斜孔。(　　　)

111. 斜面钻孔三种形式共同的特点是孔的中心与孔的端面不平行。(　　　)

112. 钻斜孔最可靠的方法是用斜孔钻模钻孔。(　　　)

113. 小孔钻孔须使用钻模或钻沉孔引钻,以免钻头引偏或折断钻头。(　　　)

114. 小孔钻孔如果切削速度偏低或进给量偏大都会导致钻孔轴向切削力加大,造成钻头折断。(　　　)

115. 小孔钻孔应选用精度高、转速在 400～900 r/min 的钻床。(　　　)

116. 轴向剖切式半圆孔的钻孔方法之一是将两个工件合在一起钻孔。(　　　)

117. 钻轴线相交式半圆孔可在先钻出的孔中嵌入与工件材料相同的圆芯,再钻另一个孔。(　　　)

118. 钻腰圆式半圆孔可先在一端钻出整圆孔,另一端用半孔钻头加工。(　　　)

119. 薄板和薄壁零件钻孔由于工件刚性差,在切削力作用下,工件局部产生弹性变形,孔将透时,局部回弹导致振动甚至撕裂工件。(　　　)

120. 钻薄板和薄壁零件时麻花钻头的主要弱点是钻孔中心不易确定,钻尖高,未等主切削刃全切入工件,钻尖已透出工件。(　　　)

121. 组合件钻孔由于两个零件一般材质软硬不一,钻孔容易偏移。(　　　)

122. 组合件钻孔应采用较长的钻头或半孔钻头。(　　　)

123. 组合件钻孔端面要先铣平后钻孔。（　　）

124. 组合件钻孔打样冲孔要偏向较硬零件一侧。（　　）

125. 坚硬材料是指热处理后硬度达到 HRC40～50 的工件材料。（　　）

126. 坚硬材料的钻孔可使用普通麻花钻头进行。（　　）

127. 坚硬材料钻孔其切削速度和进给量比一般钢材减少约 3/4。（　　）

128. 坚硬材料钻孔要求钻床进给系统和工作台刚性要好,避免振动的产生。（　　）

129. 坚硬材料钻孔应采用含有磷系添加剂的切削液,以取得降低摩擦和减小磨损的效果。（　　）

130. 精密双联孔加工的突出问题是解决两个孔的平行度要求。（　　）

131. 普通螺纹精度是由螺纹的公差值和螺纹的旋合长度两个因素决定的。（　　）

132. 普通螺纹标记中公差带中数字表示公差值,字母表示公差带位置。（　　）

133. 螺纹标记"M10-5g6g-S"中的 6g 是普通螺纹中径公差带代号。（　　）

134. 普通螺纹内螺纹公差带位置有 g 和 h 两种,外螺纹公差带位置有 E、F、G、H 四种。（　　）

135. 普通螺纹分精密、中等、粗糙三种精度。（　　）

136. 螺纹公差带的大小由公差值确定,并按其大小分为若干等级。（　　）

137. 普通螺纹内螺纹的小径和中径精度等级各分为 4、5、6、7、8 共 5 个等级。（　　）

138. 在螺纹的单一中径线上,牙型的沟槽等于 1/2 基本螺距。（　　）

139. 螺纹的作用中径是在旋合长度内,恰好包容实际螺纹的一个假想螺纹的中径。（　　）

140. 螺纹的底孔应保证孔形圆整、轴线垂直,防止牙型不整和歪斜。（　　）

141. 不通孔攻螺纹应使用快换攻螺纹卡头,防止丝锥折断。（　　）

142. 不通孔攻螺纹应使用安全攻螺纹卡头,防止丝锥折断。（　　）

143. 通孔攻螺纹的突出问题是排屑困难,螺纹深度不易控制,容易折断丝锥。（　　）

144. 不通孔攻螺纹的突出问题是排屑困难,螺纹深度不易控制,容易折断丝锥。（　　）

145. 耐热钢材质工件攻螺纹应使用煤油加植物油或乳化液、煤油作切削液。（　　）

146. 当丝锥折断在螺孔内,可用电火花加工取出残留丝锥。（　　）

147. 55°圆锥螺纹的基准平面就是垂直于轴线,具有基本尺寸的平面,简称基面。（　　）

148. 55°圆锥螺纹的基面位置,对内螺纹是大端平面,对外螺纹,在距小端面为基准距离的平面上。（　　）

149. 标记 Rc1½ 中 Rc 是 55°圆锥内螺纹特征代号,1½ 是尺寸代号。（　　）

150. 标记 Rp1½ 中 Rp 是 55°圆柱内螺纹特征代号,1½ 是尺寸代号。（　　）

151. 攻圆锥内螺纹时,要严格控制丝锥攻入深度,保证攻螺纹结束时丝锥的基面位于螺孔的端面。（　　）

152. 用内径千分尺测量孔径前,应根据被测孔直径选择合适接杆,并使接杆数量最少,以减少积累误差。（　　）

153. 测孔径前可用标准环规、量块和量块附件、外径千分尺校对百分表零位。（　　）

154. 螺纹综合测量适用于螺纹单一中径的测量。(   )

155. 螺纹单项测量适用于螺纹单一中径的测量。(   )

156. 通端螺纹塞规用来检验内螺纹的作用中径和大径。(   )

157. R 是 55°圆锥螺纹工作量规的代号。(   )

158. 55°圆锥内螺纹工作塞规的特征是具有完整的外螺纹牙形。(   )

159. 55°圆锥内螺纹工作塞规的功能是加工时检查内螺纹的大径、小径和作用中径。
(   )

160. 55°圆锥内螺纹检验时螺纹的基面应处于塞两测量面之间或与测量面齐平。
(   )

161. 钻床精度不高,主轴径向跳动误差过大,能导致铰孔产生多棱形。(   )

162. 机动铰孔时切削速度过高,切削液供应不充足,孔径因受热而直径增大,会导致铰孔孔径增大。(   )

163. 钢料铰孔时,因余量太大或铰刀不锋利,铰孔后会因弹性恢复导致铰孔孔径缩小。
(   )

164. 攻螺纹时丝锥与钻床回转中心不同轴、丝锥切削刃刃磨不对称都会导致螺纹中径增大。(   )

165. 圆锥内螺纹底孔直径过大、圆锥螺纹丝锥进入螺孔过深都会导致攻圆锥内螺纹中径过大。(   )

166. 带有圆弧刃的标准群钻,在钻孔的过程中,孔底切削出一道圆环肋与棱边能共同起稳定钻头方向的作用。(   )

167. 标准群钻圆弧刃上各点的前角与磨出圆弧刃之前减小,楔角增大,强度提高。
(   )

168. 标准群钻在后面上磨有两边对称的分屑槽。(   )

169. 标准群钻上的分屑槽能使宽的切屑变窄,从而使排屑流畅。(   )

170 钻薄板的群钻是利用钻心尖定中心,两主切削刃的外刀尖切圆的原理,使薄板上钻出的孔达到圆整和光洁。(   )

171. 钻精孔的钻头,其刃倾角为 0°。(   )

172. 钻精孔时应选用润滑性较好的切削液。因钻孔时除了冷却外,更重要的是需要良好的润滑。(   )

173. 钻小孔时,因转速很高,实际加工时间又短,钻头在空气中冷却得很快,所以不能用切削液。(   )

174. 孔的中心轴线与孔的端面不垂直的孔,必须采用钻斜孔的方法进行钻孔。(   )

175. 用深孔钻钻削深孔时,为了保证排屑畅通,可使注入的切削液具有一定的压力。
(   )

176. 用接长钻钻削深孔时,可以一钻到底,同深孔钻一样不必中途退出排屑。(   )

177. 对长径比小的高速旋转体,只需进行静平衡。(   )

178. 长径比很大的旋转体,只需进行静平衡,不必进行动平衡。(   )

179. 螺纹联接为了防止在冲击、振动或工作温度变化时回松,故要采用放松装置。
(   )

180. 螺纹联接是一种可拆的固定联接。（　　　）

五、简 答 题

1. 简述职业守则包括的基本内容。
2. 简述主要刀具材料的种类及其用途。
3. 常见的触电方式有哪些？
4. 机床操作工个人的安全防护措施有哪些？
5. 钻床操作工的安全操作常识有哪些？
6. 简述固体废弃物的种类。
7. 简述企业质量方针的概念。
8. 简述岗位质量要求的作用。
9. 简述岗位质量保证措施应包括的内容。
10. 简述劳动者的八种权利。
11. 简述劳动合同的内容。
12. 简述劳动合同解除的规定。
13. 剖视图分哪几大类？
14. 一张装配图应包括哪些内容？
15. 装配图中的图形应表达哪些内容？
16. 什么是加工精度？
17. 影响加工精度的因素有哪些？
18. 简述尺寸链中环的概念和分类。
19. 精密双联孔加工主要技术要求是什么？
20. 什么是六点定位原理？
21. 过定位的对加工精度有何影响？
22. 工件粗基准的选用要注意哪些问题？
23. 定位误差的概念及其分类是怎样的？
24. 什么是麻花钻头的锋角？
25. 普通麻花钻头锋角大小对钻孔切削力有何影响？
26. 普通麻花钻头的前角的组成及其特点是什么？
27. 普通麻花钻头横刃斜角的组成及其特点是什么？
28. 基本型群钻的结构特点有哪些？
29. 手工刃磨群钻对砂轮修整有哪些要求？
30. 提高钻床镗孔镗杆刚性的应采取的措施有哪些？
31. 钻床镗孔时怎样选用切削用量？
32. 深孔是怎样划分的？
33. 深孔钻孔必须解决的技术关键问题是什么？
34. 用麻花钻头钻精孔对钻头有何要求？
35. 斜面钻孔容易出现哪些问题？
36. 钻斜孔的方法有哪些？

37. 小孔的概念及小孔钻孔存在的主要问题是什么？

38. 半圆孔的形式有哪几种？

39. 薄板和薄壁零件钻孔容易产生哪些问题？

40. 利用薄板群钻钻薄板和薄壁零件的优点是什么？

41. 坚硬材料钻孔存在哪些问题？

42. 坚硬材料钻孔怎样选用切削用量？

43. 一般采用什么方法加工精密双联孔？

44. 普通螺纹公差带的组成内容是怎样的？

45. 说明螺纹标记"M10-5g6g-S"中公差带代号各部分的含义。

46. 普通螺纹旋合长度的三种类型及代号是什么？

47. 普通螺纹精度分那几种？用途各是什么？

48. 什么是螺纹的单一中径？

49. 什么是螺纹的作用中径？

50. 攻螺纹时切削用量中哪些要素需选择、哪些不需选择？

51. 攻螺纹的切削速度应根据哪些条件进行选择？

52. 取出折断在螺孔内的丝锥有哪些方法？

53. 什么是 55°圆锥螺纹的基准平面？

54. 攻圆锥内螺纹时怎样选用切速度？

55. 孔检测量具的选用原则有哪些？

56. 测量孔径前校对百分表零位的方法有哪三种？

57. 通端螺纹塞规的代号和检验功能是什么？

58. 止端螺纹塞规的代号和检验功能是什么？

59. 用三针测量螺纹中径时，根据什么选用钢针直径？

60. 攻螺纹产生"掉牙"现象的原因有哪些？

61. 攻螺纹中径太大的原因有哪些？

62. 导致攻圆锥内螺纹中径过大的原因有哪些？

63. 工艺系统变形对加工精度有何影响？

64. 夹紧力的方向对夹紧力大小有何影响？

65. 普通螺纹精度是由哪些因素决定的？

66. 组合件钻孔容易产生什么问题？

67. 钻薄板和薄壁零件时麻花钻头的主要弱点是什么？

68. 怎样通过改进镗刀几何角度来减轻镗杆的挠曲变形？

69. 钻精孔时，钻头切削部分的几何角度需作怎样的改进？

70. 为什么不能用一般的方法钻斜孔？钻斜孔可采用哪些方法？

六、综 合 题

1. 论述精密箱体类零件加工顺序与加工精度的关系。

2. 如图 1 所示压盖零件，以端面 B 定位锪沉孔，当 $A_\Delta = 50_{-0.2}^{0}$，$A_1 = 10_{-0.1}^{0}$ 时，求组成环 x 的基本尺寸和上下偏差。（单位：mm）

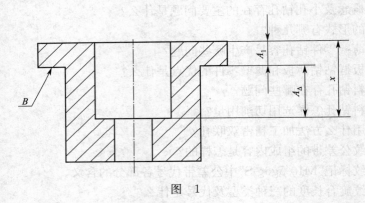

图　1

3. 如图 2 所示压盖零件,以端面 B 定位锪沉孔,当 $A_\Delta = 50_{-0.1}^{\ 0}$,$A_1 = 10_{-0.08}^{\ 0}$ 时,求组成环 x 的基本尺寸和上下偏差。(单位:mm)

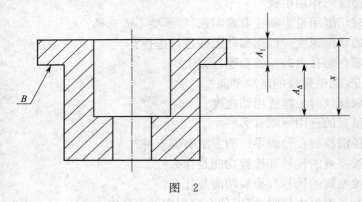

图　2

4. 如图 3 所示压盖零件,以端面 B 定位锪沉孔,当 $A_\Delta = 50_{-0.1}^{\ 0}$,$A_1 = 10_{-0.06}^{-0.04}$ 时,求组成环 x 的基本尺寸和上下偏差。(单位:mm)

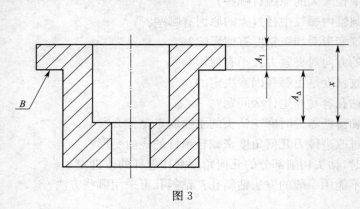

图 3

5. 如图 4 所示螺旋压板夹紧装置,已知作用力 $q = 50$ N,$L_1 = 160$ mm,$L_2 = 100$ mm,$\eta = 0.95$,求夹紧力 W。

6. 如图 5 所示螺旋压板夹紧装置,设计要求夹紧力 $W = 76$ N,$L_1 = 160$ mm,$L_2 = 100$ mm,$\eta = 0.95$,求作用力 q。

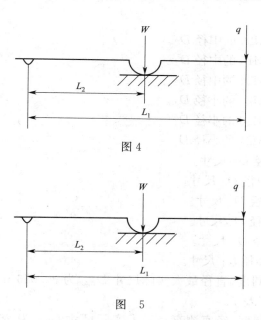

图 4

图 5

7. 如图 6 所示螺旋压板夹紧装置，设计要求夹紧作用力 $W = 76$ N，$L_2 = 100$ mm，$\eta = 0.95$，$q = 50$ N，求 L_1。

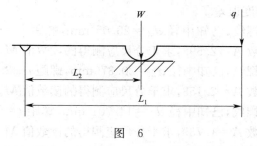

图 6

8. 已知标准麻花钻头直径 d_ω 为 30 mm，钻头最外缘处前角 $\gamma_0 = 30°$，$\alpha_0 = 5°$。计算当进给量 $f = 0.6$ mm 时钻头的工作前角 γ_{0e} 和工作后角 α_{0e}。

9. 已知标准麻花钻头直径 d_ω 为 10 mm，钻头最外缘处前角 $\gamma_0 = 30°$，后角 $\alpha_0 = 5°$，计算当进给量 $f = 0.06$ mm 时钻头的工作前角 γ_{0e} 和工作后角 α_{0e}。

10. 已知标准麻花钻头直径 d_ω 为 6 mm，钻头最外缘处前角 $\gamma_0 = 30°$，后角 $\alpha_0 = 5°$，计算当进给量 $f = 0.6$ mm 时钻头的工作前角 γ_{0e} 和工作后角 α_{0e}。

11. 论述钻床镗孔时应采用较大前角、较大主偏角和较小刃倾角镗刀对镗孔精度的影响。

12. 论述精钻孔时进给量大小对钻孔精度的影响。

13. 螺纹 M8-6H，查表已知 M8-6H 内螺纹中径上偏差 $ES = +0.160$，下偏差 $EI = 0$，计算中径公差 TD_2。

14. 螺纹 M8-6G，查表已知 M8-6G 内螺纹中径上偏差 $ES = +0.188$，下偏差 $EI = +0.028$，计算中径公差 TD_2。

15. 螺纹 M8-7G，查表已知 M8-7G 内螺纹小径上偏差 $ES = +0.363$，下偏差 $EI = +$

0.028,计算公差 TD_1。

16. 计算粗牙螺纹 M20 的中径 D_2。

17. 计算粗牙螺纹 M16 的中径 D_2。

18. 计算粗牙螺纹 M24 的中径 D_2。

19. 计算粗牙螺纹 M20 的小径 D_1。

20. 计算粗牙螺纹 M16 的小径 D_1。

21. 计算粗牙螺纹 M24 的小径 D_1。

22. 计算 Rc1 的中径 D_2 尺寸。

23. 计算 Rc1½ 的中径 D_2 尺寸。

24. 计算 Rc¾ 的中径 D_2 尺寸。

25. 计算 Rc¾ 的小径 D_1 尺寸。

26. 计算 Rc1 的小径 D_1 尺寸。

27. 计算 Rc1½ 的小径 D_1 尺寸。

28. 测一加工孔的圆度,直径最大实际尺寸 D_{max} 为 30.056 mm,最小实际尺寸 D_{min} 为 30.012,计算该孔圆度误差 f。

29. 测一加工孔的圆度,经实测直径最大实际尺寸 D_{max} 为 25.032 mm,最小实际尺寸 D_{min} 为 25.012 mm,计算该孔圆度误差 f。

30. 测一加工孔的圆度,直径最大实际尺寸 D_{max} 为 20.035 mm,最小实际尺寸 D_{min} 为 20.003 mm,计算该孔圆度误差 f。

31. 三针测量 M27 螺纹,已知中径 $d_2 = 25.05$ mm,螺距 $t = 3$ mm,查表已知钢针直径 $d_0 = 1.732$ mm,计算常数 $A = 2.598$,求千分尺应测得的读数值 M。

32. 三针测量 M22 螺纹,已知中径 $d_2 = 20.376$ mm,螺距 $t = 2.5$ mm,查表已知钢针直径 $d_0 = 1.441$ mm,计算常数 $A = 2.158$,求千分尺应测得的读数值 M。

33. 三针测量 M16 螺纹,已知中径 $d_2 = 14.701$ mm,螺距 $t = 2$ mm,查表已知钢针直径 $d_0 = 1.157$ mm,计算常数 $A = 1.739$,求千分尺应测得的读数值 M。

34. 三针测量 M27 螺纹,根据螺距 $t = 3$ mm,查表已知钢针直径 $d_0 = 1.732$ mm,计算常数 $A = 2.598$,千分尺测得的读数值 M 为 27.648 mm,计算螺纹中径 d_2。

钻床工(中级工)答案

一、填 空 题

1. 投影中心
2. 长对正
3. 实际尺寸
4. 尺寸偏差
5. 基孔制
6. 尺寸公差带
7. 指引线箭头
8. 可见轮廓线
9. 加快
10. 冷脆性
11. 退火
12. 抗拉强度
13. 瞬时传动比
14. 64
15. 摇臂钻床
16. 铣床
17. 相垂直
18. 切削速度
19. 高速钢
20. 高速钢
21. 刃倾角
22. 前角
23. 高速轻载
24. 防锈
25. 流量控制阀
26. 中径
27. 测量杆
28. 通用夹具
29. 引导
30. 垂直
31. 中心
32. 基准线
33. 小
34. 较粗
35. 较硬
36. 熔断器
37. 调速
38. 控制装置
39. 380
40. 双相
41. 有电
42. 护目镜
43. 手
44. 无毒无害废弃物
45. 管理活动
46. 责任
47. 工艺规程
48. 培训
49. 劳动保护
50. 法律效力
51. 半剖视
52. 重合剖面
53. 必要的尺寸
54. 安装
55. 清晰
56. 工序
57. 工序
58. 加工精度
59. 封闭环
60. 钻床
61. 同轴度
62. 六个
63. 定位基准
64. 少于
65. 一次
66. 夹紧力
67. 定位
68. 一致
69. 主切削刃
70. 减小
71. 减小
72. 主切削刃
73. 副后面
74. 三尖
75. 定心
76. 锋角
77. 前角
78. 主偏角
79. 横刃斜角
80. 圆弧刃
81. 径向调整式
82. 立式
83. 升降丝杠
84. 定位
85. 刚性
86. 导向装置
87. 切削速度
88. 导套
89. 镗模法
90. 深度与孔径
91. 导向
92. 排屑和冷却
93. 枪钻
94. 修磨对称
95. 精钻余量
96. 进给量
97. 扩孔
98. 平面上钻斜孔
99. 不垂直
100. 孔端面
101. 钻模
102. 切屑阻塞
103. 中心孔
104. 偏低
105. 精度
106. 轴向剖切式
107. 两个工件
108. 材料
109. 整圆孔
110. 多角形孔
111. 弹性变形
112. 钻尖
113. 切割作用
114. 偏移
115. 较短
116. 铣平
117. 较硬
118. HRC40～50
119. 麻花钻头
120. 群钻
121. 切削速度
122. 刚性
123. 切削液
124. 同轴度

125. 精镗　　　　126. 螺纹的旋合长度　127. H　　　　128. 长旋合长度

129. 中等　　　　130. 公差值　　　　131. 中径　　　　132. 工件底孔

133. 牙型不整　　134. 丝锥　　　　135. 材料　　　　136. 电火花加工

137. 大端平面　　138. Rc　　　　139. Rp　　　　140. 丝锥攻入深度

141. 测量范围　　142. 直径　　　　143. 作用中径　　144. 单一中径

145. 单一中径　　146. 55°圆锥螺纹　147. 工作塞规　　148. 工作塞规

149. 端面　　　　150. 径向跳动　　151. 铰刀　　　　152. 太大

153. "掉牙"现象　154. 不同轴　　　155. 固定式、可换式、快换、特殊

二、单项选择题

1. A	2. B	3. C	4. D	5. B	6. C	7. A	8. B	9. C
10. D	11. A	12. B	13. C	14. C	15. D	16. A	17. B	18. C
19. D	20. A	21. B	22. B	23. C	24. D	25. A	26. B	27. C
28. D	29. A	30. B	31. C	32. D	33. A	34. A	35. B	36. C
37. D	38. B	39. C	40. C	41. A	42. D	43. B	44. A	45. C
46. C	47. A	48. A	49. D	50. D	51. C	52. A	53. A	54. A
55. C	56. D	57. D	58. D	59. B	60. A	61. C	62. D	63. B
64. B	65. C	66. A	67. C	68. D	69. C	70. D	71. C	72. B
73. A	74. A	75. B	76. B	77. A	78. B	79. B	80. C	81. C
82. B	83. D	84. D	85. A	86. D	87. C	88. A	89. D	90. A
91. B	92. D	93. C	94. D	95. A	96. C	97. D	98. B	99. C
100. A	101. A	102. B	103. A	104. B	105. C	106. A	107. C	108. A
109. A	110. D	111. C	112. A	113. C	114. C	115. D	116. C	117. B
118. D	119. C	120. D	121. C	122. C	123. B	124. A	125. B	126. A
127. C	128. D	129. B	130. B	131. C	132. A	133. A	134. A	135. B
136. C	137. D	138. A	139. D	140. B	141. B	142. A	143. D	144. B
145. A	146. D	147. A	148. D	149. D	150. D	151. D	152. D	153. B
154. C	155. C	156. C	157. C	158. C	159. A	160. D	161. B	162. A
163. A	164. C	165. A	166. C					

三、多项选择题

1. ABC	2. BD	3. BCD	4. ABC	5. BD	6. ABC	7. ABC
8. BCD	9. ABD	10. BC	11. ABD	12. ABC	13. CD	14. ABD
15. ABCD	16. AC	17. ABCD	18. BCD	19. CD	20. CD	21. AB
22. AD	23. ABCD	24. ABCD	25. ABCD	26. ABC	27. ABCD	28. ABC
29. ABC	30. ACD	31. ABC	32. ABCD	33. AB	34. ABCD	35. AC
36. AD	37. ABC	38. AB	39. ABCD	40. ABCD	41. BC	42. ABCD
43. ABCD	44. ABCD	45. ACD	46. ABCD	47. BCD	48. AB	49. AB
50. BCD	51. AD	52. ABC	53. ABC	54. BCD	55. BCD	56. AD

57. ABD	58. ABCD	59. ABC	60. BCD	61. ABC	62. AB	63. ABD
64. BCD	65. AC	66. ACD	67. ABCD	68. BCD	69. ABC	70. AC
71. AC	72. ABCD	73. CD	74. ACD	75. ABC	76. AB	77. ABD
78. ABD	79. ACD	80. CD	81. ABCD	82. ABD	83. ACD	84. ABD
85. ABC	86. ABC	87. ABC	88. BCD	89. BCD	90. BC	91. ABD
92. BC	93. BCD	94. ABCD	95. BCD	96. AD	97. ABCD	98. BC
99. ACD	100. ABCD	101. BD	102. AC	103. ABCD	104. AB	105. BCD
106. AC	107. ABCD	108. ABCD	109. ABC	110. ABCD	111. ACD	112. ABCD
113. ABC	114. CD	115. ABD	116. BCD	117. ACD	118. BC	119. AC
120. BD	121. ABC	122. AB	123. ACD	124. BD	125. ABD	126. BD
127. BC	128. BC	129. ABC	130. ABC	131. ABCD	132. ABCD	133. ABD
134. BC	135. ABCD	136. AB	137. AB			

四、判　断　题

1. √	2. √	3. √	4. ×	5. √	6. √	7. ×	8. √	9. √
10. ×	11. √	12. ×	13. √	14. ×	15. ×	16. √	17. ×	18. √
19. ×	20. √	21. ×	22. √	23. ×	24. √	25. ×	26. ×	27. √
28. ×	29. √	30. ×	31. ×	32. √	33. ×	34. √	35. √	36. ×
37. √	38. √	39. ×	40. √	41. √	42. ×	43. √	44. √	45. √
46. √	47. √	48. ×	49. ×	50. √	51. √	52. ×	53. √	54. ×
55. √	56. √	57. √	58. ×	59. ×	60. √	61. √	62. ×	63. √
64. √	65. ×	66. ×	67. √	68. √	69. √	70. ×	71. ×	72. √
73. ×	74. √	75. √	76. √	77. ×	78. √	79. ×	80. √	81. ×
82. √	83. ×	84. √	85. ×	86. √	87. √	88. √	89. √	90. ×
91. √	92. ×	93. √	94. ×	95. ×	96. √	97. √	98. √	99. √
100. ×	101. √	102. ×	103. √	104. √	105. ×	106. √	107. √	108. √
109. ×	110. √	111. ×	112. √	113. √	114. √	115. ×	116. √	117. √
118. √	119. √	120. √	121. √	122. √	123. √	124. √	125. √	126. √
127. √	128. ×	129. √	130. ×	131. √	132. ×	133. ×	134. ×	135. ×
136. √	137. √	138. √	139. √	140. √	141. ×	142. √	143. ×	144. √
145. ×	146. √	147. ×	148. √	149. √	150. √	151. √	152. √	153. √
154. ×	155. √	156. √	157. √	158. √	159. √	160. √	161. √	162. ×
163. √	164. √	165. √	166. √	167. √	168. ×	169. √	170. √	171. ×
172. √	173. √	174. √	175. √	176. √	177. ×	178. ×	179. √	180. √

五、简　答　题

1. 答：(1)遵守法律、法规和有关规定(1分)。(2)爱岗敬业,具有高度责任心(1分)。(3)严格执行工作程序、工作规范、工艺文件和安全操作规程(1分)。(4)工作认真负责,团结合作(0.5分)。(5)爱护设备及工具、夹具、刀具、量具(1分)。(6)着装整洁,符合规定;保持工作环境清洁有序,文明生产(0.5分)。

2. 答:常用主要刀具材料及其用途是:(1)高速钢,用于制作中低速切削刀具、精加工刀具、多齿刀具和成型刀具(2分)。(2)硬质合金,用于制作中高速切削的粗精加工刀具和可转位刀具(2分)。(3)超硬非金属刀具材料,主要用于高硬度材料、高精度加工要求、高切削速度和高切削温度条件的切削(1分)。

3. 答:常见的触电方式有单相触电(2分)、双相触电(2分)和跨步电压触电(1分)三种触电方式。

4. 答:机床操作工工作时要佩戴安全帽、护目镜和穿紧身工作服(5分)。

5. 答:(1)工件夹紧可靠(1分)。(2)做好个人安全防护(1分)。(3)不准戴手套(1分)。(4)注意断屑,不准直接用手清理切屑(1分)。(5)快钻透时,要减小进给量(1分)。

6. 答:固体废弃物分为无毒无害废弃物(2分)、有毒有害废弃物(2分)和危险化学品废弃物三种(1分)。

7. 答:企业质量方针是企业每一个职工在开展质量管理活动中所必须遵守和依从的行动指南(5分)。

8. 答:岗位质量要求可以明确企业每一个人在质量工作上的具体任务、责任和权利(5分)。

9. 答:严格按照技术图纸、工艺规程和《质量管理体系》(GB/T 19001—2000)要求进行生产。认真执行工厂质量管理方针,确保产品质量(5分)。

10. 答:(1)平等就业和选择职业的权利(1分)。(2)取得劳动报酬的权利(1分)。(3)休息休假的权利(0.5分)。(4)获得劳动安全卫生保护的权利(0.5分)。(5)接受职业技能培训的权利(0.5分)。(6)享受社会保障和福利的权利(0.5分)。(7)提请劳动争议处理的权利(0.5分)。(8)法律规定的其他权利(0.5分)。

11. 答:劳动合同应具备以下条款:(1)劳动合同期限(1分);(2)工作内容(0.5分);(3)劳动保护和劳动条件(1分);(4)劳动报酬(0.5分);(5)劳动纪律(0.5分);(6)劳动合同终止的条件(1分);(7)违反劳动合同的责任。劳动合同除前款规定的必备条款外,当事人可以协商约定其他内容(0.5分)。

12. 答:劳动合同的解除,是指当事人双方提前终止劳动合同的法律效力,解除双方的权利义务关系。劳动合同订立后,双方当事人当认真履行合同,任何一方不得擅自解除合同。但是发生特殊情况,也可以解除合同(5分)。

13. 答:剖视图分全剖视、半剖视和局部剖视三大类(5分)。

14. 答:一张装配图应包括以下内容:(1)一组图形(1分)。(2)必要的尺寸(1分)。(3)必要的技术条件(1分)。(4)零件序号和明细栏(1分)。(5)标题栏(1分)。

15. 答:(1)机器或部件的装配组合情况(2分)。(2)零件间的位置、连接方式、配合性质(1分)。(3)机器或部件的工作原理、传动路线、使用性能等(2分)。

16. 答:加工精度就是加工后的零件在尺寸、形状和表面相互位置三个方面与理想零件的符合程度(5分)。

17. 答:(1)工艺系统的几何误差(2分)。(2)工艺系统受力变形造成误差(1分)。(3)工件内应力造成的误差(1分)。(4)工艺系统热变形造成的误差(1分)。

18. 答:尺寸链中的各尺寸简称为环(3分),环分为封闭环和组成环(2分)。

19. 答:精密双联孔加工主要技术要求是保证孔的同轴度要求(5分)。

20. 答:用六个支承点限制工件的六个自由度,使工件在夹具的位置完全确定的原理就是六点定位原理(5分)。

21. 答:过定位是对工件某个方向的自由度重复限制,会导致同一批工件的定位基准发生变化或工件产生变形,因而影响加工精度(5分)。

22. 答:工件粗基准选用要注意的问题是:(1)以工件重要的不加工表面作粗基准(1分)。(2)以与待加工表面位置精度要求最高的表面作为粗基准(2分)。(3)以面积大、平整、光滑的表面作为粗基准(1分)。(4)粗基准只能使用一次(1分)。

23. 答:定位误差就是同一批工件因在夹具中的位置不一致而引起的误差。其分为定位基准位移误差和基准不符误差两种。

24. 答:标准麻花钻头的锋角 2Φ 是两主切削刃之间的夹角(5分)。

25. 答:普通麻花钻头锋角大小直接影响钻孔切削分力的大小:(1)锋角减小,径向切削分力增大,轴向切削分力减小(2.5分)。(2)锋角增大,径向切削分力减小,轴向切削分力增大(2.5分)。

26. 答:普通麻花钻头主切削刃上任一点的前角是由该点的基面与螺旋面的夹角。由于螺旋槽上不同半径处的螺旋角是不同的,所以,麻花钻头主切削刃上不同半径处的前角也是不同的,随着半径的增大而增大(5分)。

27. 答:普通麻花钻头横刃斜角是横刃与主切削刃的夹角。它是锋角、后角和钻心直径的派生角度(5分)。

28. 答:基本型群钻的结构特点是:钻心部磨出月牙槽(2分),主切削刃磨出分屑槽(2分),横刃修短,形成三尖七刃(1分)。

29. 答:刃磨前,先用金刚石笔或粗粒度的碳化硅砂轮碎块修整砂轮的圆柱面、侧面和圆角。圆角半径应接近群钻的圆弧刃半径(5分)。

30. 答:提高钻床镗孔镗杆刚性的措施有:尽量加大镗杆直径、减小镗杆悬伸长度;或采用导向装置(5分)。

31. 答:镗孔切削速度不宜太高,精镗时应采用较小切削深度和较小进给量(5分)。

32. 答:孔的深度与孔径比 $L/d=5\sim20$ 为一般深孔(2分);$L/d=20\sim30$ 为中等深孔(2分);$L/d=30\sim100$ 为特殊深孔(1分)。

33. 答:深孔钻孔必须解决的技术关键问题是:(1)解决好排屑问题(2分)。(2)解决好冷却、润滑问题(2分)。(3)解决好钻头的导向问题(1分)。

34. 答:钻精孔钻头的两个切削刃要修磨对称,两刃前端径向跳动应小于 0.03 mm(2分),两刃轴向摆动应小于 0.05(2分),棱边修窄,刃倾角为正值,刀刃粗糙度要低(1分)。

35. 答:斜面钻孔容易出现的问题是:刚开始受孔端面高侧的径向推力,钻尖滑向低侧(2分),钻头弯曲、倾斜并在斜面上打滑,易造成孔中心偏移、孔端划烂(2分),钻头崩刃、折断(1分)。

36. 答:钻斜孔有以下方法:(1)先打样冲孔、再钻中心孔、后钻斜孔(2分)。(2)先铣或錾出平面再打样冲孔、钻中心孔、后钻斜孔(2分)。(3)先将钻孔面水平装夹钻出浅窝,再重新装夹钻斜孔(0.5分)。(4)用斜孔钻模钻斜孔(0.5分)。

37. 答:小孔是指直径小于或等于 3 mm 的孔。小孔钻孔存在的主要问题是:(1)排屑困难,钻头易折断(2分)。(2)冷却困难,切削液难注入(1.5分)。(3)钻头刃磨困难(1.5分)。

38．答:半圆孔的形式有以下三种:(1)轴向剖切式半圆孔(2分);(2)轴线相交式半圆孔(1.5分);(3)腰圆式半圆孔(1.5分)。

39．答:薄板和薄壁零件钻孔容易产生问题是:(1)孔形不圆、呈多角形(2分)。(2)孔出口多飞边、毛刺(1.5分)。(3)工件被钻头撕裂或产生扭曲(1.5分)。

40．答:由于薄板群钻有三个钻尖,钻孔时,中间钻尖钻入工件起到定心钳制作用后,两外尖也马上切入,将孔中间的材料切割成圆片切离工件,所以薄板群钻钻孔切削力很小,避免该工件弹性变形产生的弊病(5分)。

41．答:坚硬材料钻孔存在的问题时是用普通麻花钻头很难钻入工件,甚至烧毁钻头(5分)。

42．答:坚硬材料钻孔其切削速度和进给量比一般钢材减少约 3/4,切削速度 v 选 2～5 m/min(2.5分),进给量 f 选 0.05～0.08 mm/r(2.5分)。

43．答:如工件毛坯为铸件,较小直径双联孔一般采用粗扩、半精扩、精铰的方法(2.5分),较大直径双联孔采用粗镗、半精镗、精镗的方法(2.5分)。

44．答:普通螺纹公差带的组成内容包括:中径公差带代号、顶径公差带代号(外螺纹大径、内螺纹小径)(2.5分),其中数字表示公差等级,字母表示公差带位置(2.5分)。

45．答:代号 5g 是中径公差带代号,5 是中径公差等级,g 是中径公差带位置代号(2分);代号 6g 是顶径公差带代号,6 是顶径公差等级,g 是顶径公差带位置代号(1分);S 是螺纹短旋合长度代号(2分)。

46．答:普通螺纹旋合长度分三组,分别为短旋合长度、中等旋合长度和长旋合长度,相应代号为 S、N 和 L(5分)。

47．答:普通螺纹分精密、中等、粗糙三种精度(2分)。精密精度用于精密螺纹,配合变动较小时采用(1分);中等精度一般用途(1分);粗糙精度用于对精度要求不高,或制造较困难时采用(1分)。

48．答:螺纹的单一中径是一个假想圆柱或圆锥的直径,该圆柱或圆锥的母线通过牙型上沟槽宽度等于 1/2 基本螺距的地方(5分)。

49．答:螺纹的作用中径是在规定的旋合长度内,恰好包容实际螺纹的一个假想螺纹的中径,这个假想螺纹具有理想的螺距、半角及牙型高度,并另在牙顶处和牙底外留有间隙,以保证包容时不与实际螺纹的大、小径发生干涉(5分)。

50．答:攻螺纹切削用量的选择内容只有选择切削速度一项,而切削深度与进给量是不需选择的(5分)。

51．答:应根据工件材料、螺纹种类、螺纹直径、螺距和切削液选择切削速度(5分)。

52．答:(1)用自制工具插入丝锥槽旋出(2分)。(2)将孔内丝锥退火,钻孔清除(1.5分)。(3)用断丝锥、钢丝、螺母旋紧退出(1.5分)。

53．答:55°圆锥螺纹的基准平面就是垂直于轴线,具有基准直径的平面,简称基面(5分)。

54．答:攻圆锥内螺纹时,由于整个丝锥工作部分都参与切削,产生很大的转矩,所以应选用较低切削速度(5分)。

55．答:孔检测量具的选用原则有:(1)根据被测零件尺寸大小选择(1分)。(2)根据被测零件精度高低选择(1分)。(3)根据被测零件表面质量选择(2分)。(4)根据生产批量选择(1

分)。

56. 答:有以下三种:(1)用标准环规校对(2分)。(2)用量块和量块附件校对(2分)。(3)用千分尺校对(1分)。

57. 答:通端螺纹塞规的代号是 T,检验功能是用来检验内螺纹的作用中径和大径(5分)。

58. 答:止端螺纹塞规的代号是 Z,检验功能是用来检验内螺纹的单一中径(5分)。

59. 答:用三针测量螺纹中径时,是根据螺距、牙型角来选用钢针的直径(5分)。

60. 答:攻螺纹产生"掉牙"现象的原因有:(1)底孔太小,丝锥不能攻入(1分)。(2)头锥引偏,用丝锥硬攻(1分)。(3)未能及时倒转丝锥排出切屑(1分)。(4)机攻螺纹丝锥校正部分全部透出螺孔(2分)。

61. 答:攻螺纹中径增大的原因有:丝锥与钻床回转中心不同轴;丝锥切削刃刃磨不对称(5分)。

62. 答:导致攻圆锥内螺纹中径过大的原因有:圆锥内螺纹底孔直径过大(2.5分);圆锥螺纹丝锥基面进入螺孔过深(2.5分)。

63. 答:因为加工时,工艺系统的变形将改变工件与刀具自身的几何形状及其相对位置,从而影响到加工精度(5分)。

64. 答:夹紧力方向对夹紧力大小有着直接影响。因为夹紧力垂直于工件主要定位面可使夹紧力最大(2.5分);夹紧力与切削力方向一致,可使夹紧力增大(2.5分)。

65. 答:普通螺纹精度是由螺纹的公差值和螺纹的旋合长度两个因素决定的(5分)。

66. 答:组合件由于零件材质不同,钻孔中心容易向较软材质一侧偏移(5分)。

67. 答:钻薄板和薄壁零件时麻花钻头的主要弱点是钻孔中心不易确定,钻尖高、主切削刃与工件接触长度大,未等主切削刃全部切入工件,钻尖已透出工件,引起切削振动(5分)。

68. 答:镗刀应采用较大前角、较大主偏角和较小角度值的刃倾角,能减小镗孔时的径向切削分力,可减轻镗杆的挠曲变形,从而提高镗孔精度(5分)。

69. 答:钻精孔时,钻头切削部分的几何角度需作如下改进:

(1)磨出不大于 75° 的第二顶角,新切削刃长度 3～4 mm,刀尖角处磨出 $R=0.2\sim0.5$ mm 的小圆角(1分)。

(2)磨出 6°～8° 的副后角,角棱边宽 0.10～0.2 mm,修磨长度为 4～5 mm(1分)。

(3)磨出 -10°～-15° 的负刃倾角(1分)。

(4)主切削刃附近的前面和后面用磨石磨光(1分)。

(5)后角不宜过大,一般取 $\alpha_0=6°\sim10°$(1分)。

70. 答:用一般的方法去钻斜孔时,钻头刚接触工件先是单面受力,使钻头偏斜滑移,造成钻孔中心偏位,钻出的孔也很难保证正直。如钻头的刚性不足时会造成钻头因偏移而钻不进工件,使钻头崩刃或折断。故不能用一般的方法去钻斜孔(3分),必须采用:

(1)先用孔径相等的主铣刀在工件斜面上铣出一个平面后再钻孔(1分)。

(2)用錾子在工件斜面上錾出一个小平面后,先用中心钻钻出一个较大的锥孔坑或用小钻头钻出一个浅孔,然后再用所需孔径的钻头去钻孔(1分)。

六、综 合 题

1. 答:箱体类零件一般多为铸铁材质,为了消除铸造应力对加工精度的影响,要先进行时效处理后进行加工(5分);为了减小加工应力对加工精度的影响,要先进行粗加工、后精加工;

为了加工方便,要先加工大孔后加工小孔(5分)。

2. 解:(1)求 x:根据公式 $A_\Delta = \sum\limits_{i=1}^{m} \overrightarrow{A_i} - \sum\limits_{i=m+1}^{n-1} \overleftarrow{A_i}$

$50 = x - 10$,则 $x = 60$(3分)

(2)求上偏差 $B_s x$

根据公式 $B_s A_\Delta = \sum\limits_{i=1}^{m} B_s \overrightarrow{A_i} - \sum\limits_{i=m+1}^{n-1} B_s \overleftarrow{A_i}$

$0 = B_s x - 0.1$,则 $B_s x = 0.1$(3分)

(3)求下偏差 $B_x x$

根据公式 $B_x A_\Delta = \sum\limits_{i=1}^{m} B_x \overrightarrow{A_i} - \sum\limits_{i=m+1}^{n-1} B_x \overleftarrow{A_i}$

$-0.2 = B_x x - 0$,则 $B_x x = -0.2$

$x = 60, B_s x = -0.1, B_x x = -0.2$

答:$x = 60_{-0.2}^{-0.1}$(4分)

3. 解:(1)求 x:根据公式 $A_\Delta = \sum\limits_{i=1}^{m} \overrightarrow{A_i} - \sum\limits_{i=m+1}^{n-1} \overleftarrow{A_i}$

$50 = x - 10$,则 $x = 60$(3分)

(2)求上偏差 $B_s x$

根据公式 $B_s A_\Delta = \sum\limits_{i=1}^{m} B_s \overrightarrow{A_i} - \sum\limits_{i=m+1}^{n-1} B_s \overleftarrow{A_i}$

$0 = B_s x - 0.08$,则 $B_s x = -0.08$(3分)

(3)求下偏差 $B_x x$

根据公式 $B_x A_\Delta = \sum\limits_{i=1}^{m} B_x \overrightarrow{A_i} - \sum\limits_{i=m+1}^{n-1} B_x \overleftarrow{A_i}$

$-0.2 = B_x x - 0$,则 $B_x x = -0.2$

$x = 60, B_s x = -0.08, B_x x = -0.2$

答:$x = 60_{-0.20}^{-0.08}$(4分)

4. 解:(1)求 x:根据公式 $A_\Delta = \sum\limits_{i=1}^{m} \overrightarrow{A_i} - \sum\limits_{i=m+1}^{n-1} \overrightarrow{A_i}$

$50 = x - 10$,则 $x = 60$(3分)

(2)求上偏差 $B_s x$

根据公式 $B_s A_\Delta = \sum\limits_{i=1}^{m} B_s \overrightarrow{A_i} - \sum\limits_{i=m+1}^{n-1} B_s \overleftarrow{A_i}$

$0 = B_s x - (-0.06)$,则 $B_s x = -0.06$(3分)

(3)求下偏差 $B_x x$

根据公式 $B_x A_\Delta = \sum\limits_{i=1}^{m} B_x \overrightarrow{A_i} - \sum\limits_{i=m+1}^{n-1} B_x \overleftarrow{A_i}$

$-0.1 = B_x x - (-0.04)$,则 $B_x x = -0.14$

$x = 60, B_s x = -0.06, B_x x = -0.14$

答：$x = 60^{-0.06}_{-0.14}$（4 分）

5. 解：根据公式 $W = \dfrac{L_1 q}{L_2} \times \eta$

$$W = \frac{160 \times 50}{100} \times 0.95 = 76(\text{N})(8 \text{分})$$

答：夹紧力 $W = 76$ N（2 分）。

6. 解：根据公式 $q = \dfrac{L_2 \cdot W}{L_1 \cdot \eta}$

$$q = \frac{100 \times 76}{160 \times 0.95} = 50(\text{N})(8 \text{分})$$

答：作用力 $q = 50$ N（2 分）。

7. 解：根据公式 $L_1 = \dfrac{L_2 \cdot W}{q \cdot \eta}$

$$L_1 = \frac{100 \times 76}{50 \times 0.95} = 160(\text{mm})(8 \text{分})$$

答：$L_1 = 160$ mm（2 分）。

8. 解：根据公式 $\tan \mu_i = \dfrac{f}{\pi d_\omega}$

$$\tan \mu_i = \frac{0.6}{3.14 \times 30} = 0.006\ 4(2 \text{分})$$

$\mu_i = 0.36°$

工作前角 $\gamma_{0e} = \gamma_0 + \mu_i = 30° + 0.36° = 30.36°$（2 分）

工作后角 $\alpha_{0e} = \alpha_0 - \mu_i = 5° - 0.36° = 4.64°$（6 分）

答：工作前角 $\gamma_{0e} = 30.36°$，工作后角 $\alpha_{0e} = 4.64°$。

9. 解：根据公式 $\tan \mu_i = \dfrac{f}{\pi d_\omega}$

$$\tan \mu_i = \frac{0.6}{3.14 \times 10} = 0.019(2 \text{分})$$

$\mu_i = 1.1°$

工作前角 $\gamma_{0e} = \gamma_0 + \mu_i = 30° + 1.1° = 31.1°$（4 分）

工作后角 $\alpha_{0e} = \alpha_0 - \mu_i = 5° - 1.1° = 3.9°$（4 分）

答：工作前角 $\gamma_{0e} = 31.1°$，工作后角 $\alpha_{0e} = 3.9°$。

10. 解：根据公式 $\tan \mu_i = \dfrac{f}{\pi d_\omega}$

$$\tan \mu_i = \frac{0.6}{3.14 \times 6} = 0.032(5 \text{分})$$

$\mu_i = 1.8°$

工作前角 $\gamma_{0e} = \gamma_0 + \mu_i = 30° + 1.8° = 31.8°$（2 分）

工作后角 $\alpha_{0e} = \alpha_0 - \mu_i = 5° - 1.8° = 3.2°$（2 分）

答：工作前角 $\gamma_{0e} = 31.8°$，工作后角 $\alpha_{0e} = 3.2°$（1 分）。

11. 答:镗刀应采用较大前角、较大主偏角和较小角度值的刃倾角,能减小镗孔时的径向切削分力,可减轻镗杆的挠曲变形,从而提高镗孔精度(10 分)。

12. 答:一般较小进给量利于提高钻孔精度,但是当进给量太小时,刀刃与加工表面形成摩擦,产生硬化,刃口时而挤时而切,造成切削振动,使孔壁产生振纹,破坏了孔的精度(10 分)。

13. 解:$TD_2 = ES - EI = +0.160 - 0 = 0.160$(mm)(8 分)

答:中径公差 $TD_2 = 0.160$ mm(2 分)。

14. 解:$TD_2 = ES - EI = +0.188 - (+0.028) = 0.160$(mm)(8 分)

答:中径公差 $TD_2 = 0.160$ mm(2 分)。

15. 解:$TD_1 = ES - EI = +0.363 - (+0.028) = 0.335$（mm)(8 分)

答:小径公差 $TD_1 = 0.335$ mm(2 分)。

16. 解:$D_2 = d - 0.649\ 5t$

$D_2 = 20 - 0.649\ 5 \times 2.5 = 18.376$(mm)(8 分)

答:中径 $D_2 = 18.376$ mm(2 分)。

17. 解:$D_2 = d - 0.649\ 5t$

$D_2 = 16 - 0.649\ 5 \times 2 = 14.701$(mm)(8 分)

答:中径 D_2 为 14.701 mm(2 分)。

18. 解:$D_2 = d - 0.649\ 5t$

$D_2 = 24 - 0.649\ 5 \times 3 = 22.051$(mm)(8 分)

答:中径 D_2 为 22.051 mm(2 分)。

19. 解:$D_1 = d - 1.082\ 5t$

$D_1 = 20 - 1.082\ 5 \times 2.5 = 17.294$(mm)(8 分)

答:小径 D_1 为 17.294 mm(2 分)。

20. 解:$D_1 = d - 1.082\ 5t$

$D_1 = 16 - 1.082\ 5 \times 2 = 13.835$(mm)(8 分)

答:小径 D_1 为 13.835 mm(2 分)。

21. 解:$D_1 = d - 1.082\ 5t$

$D_1 = 24 - 1.082\ 5 \times 3 = 20.752$(mm)(8 分)

答:小径为 20.752 mm(2 分)

22. 解:$D_2 = d - 0.640\ 327t$

$D_2 = 33.249 - 1.478\ 6 = 31.770$(mm)(8 分)

答:中径 $D_2 = 31.770$ mm(2 分)。

23. 解:$D_2 = d - 0.640\ 327t$

$D_2 = 47.803 - 1.478 = 46.325$(mm)(8 分)

答:中径 $D_2 = 46.325$ mm(2 分)。

24. 解:$D_2 = d - 0.640\ 327t$

$D_2 = 26.441 - 1.162 = 25.279$(mm)(8 分)

答:中径 $D_2 = 25.279$ mm(2 分)。

25. 解:$D_1 = d - 1.280\ 654t$

$D_1=26.441-2.323\ 1=24.117(\text{mm})(8 \text{分})$

答:小径 $D_1=24.117$ mm(2 分)。

26. 解:$D_1=d-1.280\ 654t$

$D_1=33.249-2.957=30.291(\text{mm})(8 \text{分})$

答:小径 D_1 尺寸=30.291 mm(2 分)。

27. 解:$D_1=d-1.280\ 654t$

$D_1=47.803-2.957=44.845(\text{mm})(8 \text{分})$

答:小径 D_1 尺寸=44.845 mm(2 分)。

28. 解:$f=(D_{\max}-D_{\min})/2$

$f=(30.056-30.012)/2=0.022(\text{mm})(8 \text{分})$

答:该孔的圆度为 0.022 mm(2 分)。

29. 解:$f=(D_{\max}-D_{\min})/2$

$f=(25.032-25.012)/2=0.010(\text{mm})(8 \text{分})$

答:该孔的圆度为 0.01 mm(2 分)。

30. 解:$f=(D_{\max}-D_{\min})/2$

$f=(20.035-20.003)/2=0.016(\text{mm})(8 \text{分})$

答:该孔的圆度为 0.016 mm(2 分)。

31. 解:根据公式 $M=d_2+A$

$M=25.05+2.598=27.648(\text{mm})(8 \text{分})$

答:千分尺读数 $M=27.648$ mm(2 分)。

32. 解:根据公式 $M=d_2+A$

$M=20.376+2.158=22.534(\text{mm})(8 \text{分})$

答:千分尺读数 $M=22.534$ mm(2 分)。

33. 解:根据公式 $M=d_2+A$

$M=14.701+1.739=16.44(\text{mm})(8 \text{分})$

答:千分尺读数 $M=16.44$ mm(2 分)。

34. 解:根据公式 $d_2=M-A$

$d_2=27.648-2.598=25.050(\text{mm})(8 \text{分})$

答:螺纹中径为 25.050 mm(2 分)。

钻床工(高级工)习题

一、填 空 题

1. 在机械零件中,对精度和表面粗糙度要求比较高的孔,可用( )方法来加工。

2. 用丝锥在孔中切削出内螺纹称为( )。

3. 用板牙在圆柱上切削出外螺纹称为( )。

4. 螺纹要素由牙型、( )(或导程)、头数、精度和旋向等因素组成。

5. 工件钻通孔时,必须在工件下面垫( )以上木板或垫铁,以免钻坏工作台。

6. 钻薄板工件时,必须在工件下面垫( )以上的铁板,防止工件孔变形。

7. 时效处理的方法有自然时效、人工时效和( )时效三种时效处理方法。

8. 经常检查油杯油孔及各滑动面,定期注入( )。

9. 在操作摇臂钻时严禁( ),不得用手清理钻屑。

10. 润滑油品名前面注有的数字符号表示的是润滑油在 50 ℃时的( )。

11. 机油黏性越大,流动性能越差;黏性越小,流动性越好,润滑性( )。

12. 油性指润滑油的极性分子与摩擦表面吸附而形成边界边膜的能力。若油膜与界面之间吸附力( ),则边界膜不易破裂。

13. 摩擦表面的润滑状态有( )状态、边界润滑状态、流体润滑状态和混合润滑状态。

14. 力的三要素是力的( )。

15. 机械运动的平衡是指物体相对于参照物处于静止或( )的状态。

16. 工时定额由( )、准备和终结时间、布置工作时间、休息与基本生活需要时间四个时间因素组成。可分为基本时间、辅助时间两部分。

17. 大批量生产与小批量生产相比,可节省大量的准备和终结时间,因而工效比较( )。

18. 设备安装时,设备底座下安放垫铁,目的是使设备达到要求的( ),垫铁起到承受设备重量和地脚螺杆预紧力的作用。

19. 设备维护与修理的任务是:保证机械设备经常处于良好的技术状态保持应有的工作能力,延长其( )和避免不应发生的事故损坏,以充分发挥其效能。

20. 目前切削刀具常用的硬质合金有钨钴类硬质合金、( )硬质合金等。

21. 对特大型工件划线,为减少翻转次数或不翻转工件,常采用( )法进行划线。

22. 零件加工后实际几何参数与理论几何参数的差别称( )。

23. 内径千分尺测量范围很有限,为扩大范围可采用( )的方法。

24. 工艺基准按其作用可分为装备基准、测量基准、定位基准、( )基准。

25. 测量方法的总误差包括系统误差和( )误差。

26. 引起机床振动的振源有机内振源和( )振源。

27. 机外振源来自机床外部。它是通过( )将振动传给机床。

28. 据平面几何可知,圆与直线相切时其切点就是由被连接圆弧的圆心向被连接直线所作(　　　)。

29. 刀具磨损的原因主要有机械磨损和(　　　)。

30. 机械制图常见的三种剖视是全剖视、局部剖视和(　　　)。

31. 划线作业可分两种即平面划线和(　　　)。

32. 钻孔时,工件固定不动,钻头要同时完成两个运动:切削运动和(　　　)。

33. 麻花钻头主要由(　　　)几部分构成。

34. 螺纹要素有(　　　)和旋转方向。

35. 螺纹的主要尺寸有(　　　)。

36. 加工零件中,允许尺寸变化的两个界限值,称(　　　)。

37. 铸铁通常可分为白口铸铁、灰铸铁、可锻铸铁和(　　　)。

38. 各种热处理工艺过程都是由(　　　)四个阶段组成。

39. 冷却润滑液有四个方面的作用:冷却作用、润滑作用、清洗作用、(　　　)。

40. 在零件图上总有一个或几个起始标注线来确定其他点、线、面的位置,称为(　　　)。

41. 钻孔时材料的强度、硬度高,钻头直径大时,宜用较低的切削速度,进给量也(　　　)。

42. 丝锥分有(　　　)两类。

43. 在成套丝锥中,对每支丝锥的切削量分配有两种方式,即(　　　)。

44. 游标卡尺的尺身每一格为 1 mm,游标共有 50 格,当两量爪并拢时,游标的 50 格正好与尺身的 49 格对齐,则该游标卡尺的读数精度为(　　　)mm。

45. 在划线工序中,找正和(　　　)两个过程是有机结合在一起的。

46. 机床分为若干种,其中 C 表示车床,Z 表示钻床,X 表示铣床 ,M 表示(　　　)。

47. 切削加工中切削热会影响(　　　)、加工表面质量和刀具寿命。

48. 表示泵的工作性能的主要参数有(　　　)。

49. 液压泵的流量分为(　　　)两种。

50. 液压系统中单向阀的作用是保证油液(　　　)。

51. 钢按质量可分为(　　　)三类。

52. 在划好的线条上打冲眼,其冲眼的距离可根据线条的长短、曲直来决定,而在(　　　)的转折等处必须冲眼。

53. 液压系统由驱动元件、(　　　)、控制元件和辅助元件四部分组成。

54. 钻孔时,工件固定,钻头安装在钻床主轴上做旋转运动,称为主运动,钻头沿轴线方向移动称为(　　　)。

55. 麻花钻一般由(　　　)制成。

56. 标准麻花钻的切削部分由两条主切削刃、两条副切削刃、一条(　　　)和两个前刀面、两个后刀面、两个副后刀面组成。

57. 标准麻花钻的导向部分由两条螺旋槽组成,用来保持钻头工作时的(　　　),也是钻头的备磨部分。

58. 钻削用量的三要素中对钻头寿命的影响,钻削速度比(　　　)大。

59. 钻削用量的三要素中对孔的表面粗糙度的影响,进给量比(　　　)大。

60. 工件装夹时,应使工件表面与钻头轴线(　　　)。

61. 较大工件且钻孔直径在 12 mm 以上时,可用(　　)的方法进行钻孔。

62. 孔将钻通时,进给力必须(　　),以免造成钻头折断,或使工件随钻头转动造成事故。

63. 一般钻钢件时用(　　)的乳化液。

64. 刃磨钻头用的砂轮一般选择粒度为 46～80、硬度为(　　)的氧化铝砂轮。

65. 扩孔常作为孔的(　　),铰孔前的预加工。

66. 用铰刀从工件孔壁上切除微量的金属层,以提高孔的(　　)和降低表面粗糙度的加工方法称为铰孔。

67. 铰孔属于对孔的精加工,一般铰孔的尺寸公差可达到 IT7～IT9 级,表面粗糙度可达(　　)。

68. 铰削用量是指上道工序钻孔或扩孔留下的(　　)上的加工余量。

69. 铰孔方法可分为(　　)两种。

70. 标准铰刀的公差级别分为(　　)三个级别。

71. 用锪钻对工件空口进行(　　)的操作,称为锪孔。

72. 锪孔钻分柱形锪钻、锥形锪钻和(　　)三种。

73. 用丝锥在工件的孔中加工出内螺纹的操作方法称(　　)。

74. 丝锥的工作部分包括(　　)。

75. 机用丝锥由(　　)制成。

76. 机用丝锥螺旋公差带分(　　)三种。

77. 手用丝锥是指(　　)的滚牙丝锥。

78. 铰杠是手工攻螺纹时用来夹持丝锥的工具,分普通铰杠和(　　)两类。

79. 丁字铰杠主要用于攻工件凸台旁的螺纹或(　　)的螺纹。

80. 在螺纹底孔的孔口处要倒角,通孔螺纹的(　　)均要倒角,这样可以保证丝锥比较容易切入,并防止孔口出现挤压出的凸边。

81. 攻螺纹时必须按(　　)的顺序攻削,以减小切削负荷,防止丝锥折断。

82. 板牙由(　　)制作而成。

83. 为了使板牙容易切入工件,在起套前,应将圆杆端部做成(　　)的倒角,且倒角小端直径应小于螺纹小径。

84. 在钢件上套螺纹时应加切削液,以降低螺纹表面粗糙度和延长板牙寿命。一般选用机油或较浓的乳化液,精度要求高时可用(　　)。

85. 摇臂最大钻孔直径可达(　　)。

86. 钻夹头用来装夹直径(　　)以内的直柄钻头。

87. 在钻削加工操作时,工件是固定的,是由(　　)作旋转并作轴向移动向深度钻削的。

88. 工件在装夹过程中,应仔细校正,保证钻孔(　　)与钻床的工作台面垂直。

89. 通常,钻孔直径在(　　)时,可一次钻出,如孔径大于此值,可分两次钻削。

90. 直柄钻头的装夹长度一般不小于(　　)。

91. 钻床运转满(　　)应进行一次一级保养。

92. 钻孔可达到的标准公差等级一般为(　　)级,表面粗糙度值一般为 $Ra50～12.5\ \mu m$。所以钻孔只能加工要求不高的孔或作为孔的粗加工。

93. 钻深度孔时,一般钻进深度达到直径的(　　)倍时钻头要退出排屑以后要每进一次深度,钻头即退出排屑一次,以免切屑阻塞而扭断钻头。

94. 钻孔一般属于粗加工,所以钻孔时注入切削液的目的是以(　　)为主。

95. 工程上常见的金属材料牌号用1～2个汉语拼音字母表示名称、用途、特性、工艺等,用(　　)表示材料性能或成分含量,用化学元素符号表示合金主要成分。

96. 螺纹孔超过(　　),或攻不通的螺纹时,应采用攻螺纹保险夹头。

97. 对塑性材料攻螺纹时,一定要加(　　)。

98. 螺旋千分尺是测量外螺纹(　　)的一种量具。

99. 标准群钻主要用来钻削(　　)钢。

100. 在钻削加工中,一般将加工直径在(　　)以下的孔,称为小孔。

101. 深孔一般指长径比 L/d 大于5的孔,加工这类孔,一般都用(　　)来加工。

102. 钻床夹具有固定式、(　　)、移动式和翻转式等不同的类型,以适应不同情况的工件加工。

103. 在钻削过程中,应注意及时(　　),并及时输入切削液。

104. 板牙切入(　　)后不能再对板牙施加进给力,让板牙自然引进。

105. 锪钢件时,应保证(　　)有良好的冷却和润滑。

106. 电气原理图中的电路分为主回路和(　　)。

107. 量具的种类很多,根据其用途和特点,可分为万能量具、(　　)和标准量具三种。

108. 电动机铭牌上"Y2-200L1-2Y"是电动机型号,其"-2"中的2表示的是该电动机(　　)。

109. 千分尺测微螺杆上螺纹的螺距为0.5 mm。当微分筒转一周时,螺杆移动0.5 mm,微分筒转 1/50 周(一格),螺杆移动(　　)mm。

110. 万能角度尺按游标的测量精度分为(　　)两种。

111. 固体废弃物分为(　　)废弃物、有毒有害废弃物和危险化学品废弃物三种。

112. 刀具常用切削材料有高速钢、硬质合金和碳素工具钢,其中(　　)的耐热性最好。

113. 金属材料的力学性能主要包括金属材料的(　　)、热膨胀性和切削加工性能。

114. 企业质量方针是企业每一个职工在开展质量(　　)中所必须遵守和依从的行动指南。

115. 劳动合同的解除,是指当事人双方提前终止劳动合同的(　　),解除双方的权利义务关系。

116. 铸铁按碳的存在形式及形状可分为(　　)铸铁、特殊铸铁、球墨铸铁和可锻铸铁。

117. 下列钢的代号有:45号是(　　);碳8钢是T8;65锰是65Mn。

118. 机床照明的工作电压必须在(36 V)电压范围内,一般采用(　　)V、12 V或6 V,以确保安全。

119. 16Mn是属于(　　)钢。

120. 制定工艺规程要考虑到现场(　　)情况、工装情况和毛坯情况。

121. 岗位质量保证措施要求从业者应严格按照技术图纸、(　　)进行生产。

122. 一般钻孔、精扩孔的表面粗糙度分别达 $Ra50～12.5\ \mu m$ 和 Ra(　　)μm。

123. 钻模板钻孔的主要优点是(　　)。

124. 当电机过载时电流增大,(　　)会自动切断电机控制电路,电机停止转动。

125. 不锈钢钻孔重点要解决的问题是钻头的耐用度问题和(　　)问题。

126. 工作前必须按规定穿戴好（　　）用品,旋转机床严禁戴手套操作。

127. 锪钻钻头分:柱形锪钻、（　　）锪钻、端面锪钻三类。

128. 和标准型群钻相比,不锈钢群钻钻尖稍高、弧槽稍浅,钻头前面磨出（　　）。

129. 钳工在划线中常用的工具有（　　）、划针、划规、划线涂料、划线、样冲等。

130. 钳工常用划线量具有高度尺、宽座角尺、（　　）等。

131. 常见的钻头种类有（　　）、深孔钻、中心钻等。

132. 钻孔常见的缺陷主要是孔径大于规定尺寸和（　　）。

133. 铰孔的方法分（　　）铰孔两种。

134. 普通螺纹的螺牙分（　　）两种。

135. 攻螺纹常见的缺陷有（　　）、螺纹烂牙、螺纹中径较差和螺纹表面粗糙度超差。

136. 奥氏体不锈钢在高的切削热作用下,会与（　　）表面产生粘结磨损。

137. 台虎钳是用来夹持工件的通用夹具,其规格用钳口的宽度来表示,常用的规格有100 mm、125 mm、（　　）mm 等。

138. 严禁在机床运转时（　　）,摇臂下降要严防钻头与工件相碰。

139. 台式钻床主要用于钻、扩直径在（　　）mm 以下的孔。

140. 量具按用途和特点不同,可分为万能量具、专用量具和（　　）量具。

141. 游标卡尺的精度有 0.1 mm、0.05 mm 和（　　）mm 三种。

142. 游标卡尺可用来测量长度、外径、内镜、深度、宽度和（　　）等。

143. 万能游标角度尺是用来测量工件内外角度的量具,其测量精度有 $2'$ 和 $5'$ 两种,测量角度范围为（　　）。

144. 千分尺是测量时常用精密量具之一。它的测量精度为（　　）mm。

145. 塞尺是用来检验两结合面之间（　　）的片状量规。

146. 划线的作用是确定工件加工面的位置和及时发现并处理（　　）。

147. 平面划线分几何划线法和（　　）两种方式。

148. 需要在工件两个以上的表面划线才能明确表示加工界线的,称为（　　）。

149. 游标高度尺能直接表示出高度尺寸,可作为（　　）划线工具使用。

150. 在工件图上用来确定其他点、线、面位置的基准,称为（　　）。

151. 找正就是利用划线工具使工件或毛坯有关表面与（　　）之间调整到合适位置。

152. 在同一个圆周上每一等分弧长所对应的（　　）相等。

153. 分度头在钳工划线时用来对工件进行（　　）划线。

154. 分度头分度的方法是（　　）不动,转动分度头心轴上的手柄,经过蜗轮蜗杆传动进行分度。

155. 划线完成后对图形及尺寸必须进行（　　）,确认无误后,在相应的线条及钻孔中心打上样冲眼。

156. 锉刀由碳素工具钢（　　）制成。

157. 锉刀由（　　）两部分组成。

158. 锉刀按其用途不同,分为普通钳工锉、异形锉和（　　）锉三种。

159. 锉刀规格分为（　　）规格两种。

160. 要想锉出平直的表面,必须使锉刀保持（　　）的锉削运动。

161. 锉削速度一般控制在 40 次/分钟以内,退出速度稍慢,回程速度(　　),且动作要协调自如。

162. 平面锉削有(　　)三种。

163. 锉削内圆弧面应选用圆锉或(　　)锉,锉削时锉刀要同时完成前进运动、移动和绕内弧中心转动运动。

164. 钻孔时,工件固定,钻头安装在钻床主轴上做旋转运动,称为(　　)运动。

165. 标准麻花钻主要由(　　)、颈部和柄部组成。

166. 标准麻花钻的前角越(　　),切削越省力。

167. 钻削用量包括(　　)、进给量和切削深度三要素。

168. 精密双联孔加工的突出问题是解决两个孔的(　　)要求。

169. 扩孔钻按刀体结构可分为(　　)和镶片式两种。

170. 铰削余量是指上道工序留下的(　　)方向上的加工余量。

171. 普通铰刀主要用来铰削(　　)的孔。

172. 锥形锪钻的锥角按工件的不同加工要求,分为 60°、75°、(　　)、120°四种。

173. 米制螺纹也称普通螺纹,分为粗牙普通螺纹与(　　)普通螺纹两种。

174. 细牙普通螺纹除用于承受冲击、振动和变载连接外,还可用于(　　)机构。

175. 用丝锥在工件的孔中加工出内螺纹的操作方法称(　　)。

176. 丝锥的主要结构由(　　)和柄部部分组成。

177. 攻不通孔螺纹时,钻孔深度应(　　)螺纹的有效深度。

178. 划线时,划针要紧贴导向工具移动,上部向外侧倾斜 15°～20°,向划线部分倾斜(　　)角。

179. 利用划线工具使工件上有关表面处于合适的位置叫(　　)。

180. 用丝锥加工内螺纹称为攻丝,用板牙套制外螺纹称为(　　)。

181. (　　)表示在取样长度内轮廓偏差距绝对值的算术平均数。

182. 螺旋槽的作用是形成(　　),容纳和排除切屑,输入冷却液等。

183. 16W18 表示(　　)。

184. 螺旋角是指(　　)和钻头轴线间的夹角。

185. 标准麻花钻刃磨要求两条主刀刃(　　)。

186. 切削用量是指(　　)和走刀量。

187. 钻孔时为了保证孔的质量及效率,应根据工件材料选择冷却液,(　　)不用冷却液。

188. 钻孔时为了保证孔的质量及效率,钻削冷硬铸铁时应用(　　)作为冷却液。

189. 钻孔时为了保证孔的质量及效率,钻削合金钢时应用(　　)作为冷却液。

190. 划线钻孔时先用钻头尖在孔的中心(　　),检查孔的中心是否正确。

二、单项选择题

1. 高速旋转机械启动试运转,(　　)。

(A)可突然提速　　(B)不可点动　　(C)应点动　　(D)应长时间试转

2. 零件在加工以后的实际几何参数与理想零件几何参数相符合的程度称为(　　)。

(A)加工精度　　(B)几何精度　　(C)生产精度　　(D)加工质量

3. 零件加工后实际几何参数与理想几何参数不符合的程度称为(　　)。

(A)加工误差　　　　(B)加工精度　　　　(C)测量误差　　　　(D)测量精度

4. 基准位移误差和基准不符误差构成了工件的(　　)。

(A)理论误差　　　　(B)定位误差　　　　(C)测量误差　　　　(D)人为误差

5. 一般将夹具的制造公差定为工件相应尺寸公差的(　　)倍。

(A)1.5　　　　(B)1　　　　(C)1/3～1/5　　　　(D)约1/2

6. 三角螺纹的牙型角为(　　)。

(A)30°　　　　(B)45°　　　　(C)60°　　　　(D)90°

7. 普通三角螺纹的公称直径为螺纹的(　　)。

(A)根径　　　　(B)小径　　　　(C)中径　　　　(D)大径

8. 钻削精孔的加工尺寸公差可达(　　)mm。

(A)0.02～0.04　　　　(B)0.2～0.4　　　　(C)0.01～0.03　　　　(D)0.1～0.3

9. 钻削有机玻璃的群钻,将横刃磨得尽可能(　　)。

(A)短　　　　(B)长　　　　(C)不长不短　　　　(D)没有

10. 钻削相交孔,对于精度要求不高的孔。一般分(　　)进行钻、扩孔加工。

(A)1～2次　　　　(B)2～3次　　　　(C)3～4次　　　　(D)4～5次

11. 标准群钻磨出月牙槽,形成圆弧刃。把主切削刃分成(　　)。

(A)1段　　　　(B)2段　　　　(C)3段　　　　(D)4段

12. 箱体类零件的划线基准,是以(　　)为主。

(A)面　　　　(B)线　　　　(C)点　　　　(D)定位

13. 大型零件划线需要大型(　　)。

(A)设备　　　　(B)夹具　　　　(C)平台　　　　(D)机床

14. 拉线与吊线法适用于(　　)零件的划线。

(A)特大型　　　　(B)方形　　　　(C)一般　　　　(D)任何

15. 某些畸形零件划线时,可用(　　)一次划出图形。

(A)样板　　　　(B)划规　　　　(C)高度尺　　　　(D)角尺

16. 铰刀磨损主要发生切削部位的(　　)。

(A)前刀面　　　　(B)后刀面　　　　(C)切削面　　　　(D)切削刃

17. 普通螺纹除了粗牙螺纹,还有(　　)。

(A)蜗杆螺纹　　　　(B)细牙螺纹　　　　(C)特殊螺纹　　　　(D)非标准螺纹

18. 麻花钻主切削刃上每一点的(　　)是在主剖面上前刀面与基面之间的夹角。

(A)顶角　　　　(B)螺旋角　　　　(C)前角　　　　(D)后角

19. 扩孔的表面粗糙度可达 Ra(　　)μm。

(A)12.5～3.2　　　　(B)0.8～1.6　　　　(C)3.2～6.4　　　　(D)0.4～0.8

20. (　　)锪钻用于锪圆柱形孔。

(A)柱形　　　　(B)锥形　　　　(C)端面　　　　(D)斜面

21. 在大型工件划线时,应尽可能使划线的尺寸基准与(　　)一致。

(A)工序基准　　　　(B)定位基准　　　　(C)设计基准　　　　(D)装夹基准

22. 大型工件划线时,应选择(　　)作为安置基面。

(A)大而平直的面　　　　　　　　　(B)加工余量大的面
(C)精度要求较高的面　　　　　　　(D)加工面

23. 特大工件一般采用(　　)进行划线。
(A)拉线与吊线法　　　　　　　　　(B)直接翻转零件法
(C)在三坐标划线机上　　　　　　　(D)大平台

24. 标准群钻的二重顶角为(　　)。
(A)70°　　　　(B)60°　　　　(C)50°　　　　(D)40°

25. 精孔钻削,钻头的径向摆动应小于(　　)mm。
(A)0.01　　　(B)0.02　　　(C)0.03　　　(D)0.004

26. 精孔钻削进给量应小于(　　)mm。
(A)0.1　　　(B)0.15　　　(C)0.2　　　(D)0.25

27. 精孔钻削时,钻头的刀尖处研磨出(　　)mm 的小圆角。
(A)$R=0.1$　　(B)$R=0.2$　　(C)$R=0.3$　　(D)$R=0.4$

28. 用标准麻花钻钻削,起钻时(　　)易使钻头偏摆。
(A)顶角大　　　(B)前角小　　　(C)后角大　　　(D)横刃太长

29. 机铰刀用于铰削钢件通孔时,切削锥角为(　　)。
(A)10°　　　(B)20°　　　(C)30°　　　(D)40°

30. 机铰刀用于铰削铸铁件通孔时,切削锥角为(　　)。
(A)1°~3°　　(B)2°~5°　　(C)6°~10°　　(D)8°~12°

31. 机铰刀用于铰削铸铁件盲孔时,切削锥角为(　　)。
(A)10°　　　(B)30°　　　(C)45°　　　(D)90°

32. 一般铰刀切削部分前角为(　　)。
(A)0°~3°　　(B)1°~4°　　(C)2°~5°　　(D)3°~6°

33. 铰刀后角一般为(　　)。
(A)0°~3°　　(B)2°~5°　　(C)6°~8°　　(D)8°~11°

34. 一般铰刀齿数为(　　)数。
(A)奇　　　(B)偶　　　(C)任意　　　(D)小

35. 锥铰刀铰削时,全齿切削(　　)。
(A)较费时　　　(B)较省时　　　(C)较费力　　　(D)较省力

36. 一般手用和机用丝锥的前角为(　　)。
(A)1°~4°　　(B)2°~5°　　(C)3°~6°　　(D)8°~10°

37. 普通的手用和机用丝锥的切削部分,都铲磨出后角(　　)。
(A)1°~4°　　(B)2°~5°　　(C)4°~6°　　(D)6°~8°

38. 攻丝时,必须保证丝锥轴线与螺纹孔轴线(　　)。
(A)重合　　　(B)平行　　　(C)垂直　　　(D)对称

39. 在划线前,蓝油是用于(　　)的涂料。
(A)已加工表面　　(B)复杂零件　　(C)毛坯　　(D)任意工件

40. 显示剂中的普鲁士蓝油多用于(　　)的显示。
(A)铸铁　　　(B)钢　　　(C)有色金属　　　(D)铸钢

41. 划线时,无论使用哪一种涂料,都要尽可能涂得(   )。
(A)薄   (B)厚   (C)薄或厚   (D)任意

42. 划线时,应尽可能使(   )与设计基准一致。
(A)加工基准   (B)划线基准   (C)找正基准   (D)测量基准

43. 用标准麻花钻加工铝合金,其顶角取(   )。
(A)116°～118°   (B)130°～140°   (C)90°～100°   (D)125°～130°

44. 用标准麻花钻加工钢锻件,其顶角取(   )。
(A)116°～118°   (B)120°～125°   (C)135°～150°   (D)90°～100°

45. 在圆柱端面上钻孔,通常选用(   )。
(A)V 形架   (B)角铁   (C)手虎钳   (D)三爪卡盘

46. 端面锪钻用于锪削(   )。
(A)圆柱形孔   (B)锥形沉孔   (C)孔口端面   (D)椭圆沉孔

47. (   )锪钻用于锪锥形沉孔。
(A)柱形   (B)锥形   (C)端面   (D)椭圆

48. 锥形锪钻的锥角有 60°、75°、90°和 120°四种,以(   )最常用。
(A)60°   (B)75°   (C)90°   (D)120°

49. 铰削余量一般取孔径的(   )。
(A)1%～3%   (B)2%～4%   (C)3%～5%   (D)4%～6%

50. 精铰时一般取(   )mm。
(A)0.1～0.2   (B)0.01～0.02   (C)0.2～0.3   (D)0.02～0.03

51. (   )是手工套螺纹时的辅助工具。
(A)普通铰手   (B)丁字形铰手   (C)固定式铰手   (D)板牙铰手

52. 套螺纹时应保持板牙端面与圆杆轴线(   )。
(A)平行   (B)垂直   (C)对称   (D)重合

53. 攻螺纹时必须保证丝锥轴线与螺纹孔轴线(   )。
(A)平行   (B)垂直   (C)对称   (D)重合

54. 套丝时,圆板牙在铰手内应避免歪斜,顶丝要(   )。
(A)牢靠   (B)垂直   (C)对称   (D)重合

55. 在钻削加工中,一般把加工直径在(   )mm 以下的孔,称为小孔。
(A)1   (B)2   (C)3   (D)4

56. 深孔一般指长径比大于(   )的孔。
(A)2   (B)4   (C)5   (D)10

57. 钻削精孔的钻头,后角一般磨成(   )。
(A)2°～6°   (B)6°～10°   (C)8°～12°   (D)12°～16°

58. 铸铁群钻的刀尖高度比标准群钻(   )。
(A)更大   (B)更小   (C)高   (D)低

59. 钻削精孔,钻头的两切削刃修磨对称。两刃的轴向圆跳动,应控制在(   )mm 范围内。
(A)0.01   (B)0.02   (C)0.03   (D)0.05

60. 箱体划线一般都要划出(　　)校正线。
(A)交叉　　　　　　(B)十字　　　　　　(C)一字　　　　　　(D)丁字

61. 拉线与吊线法,采用直径为(　　)mm 的钢丝做拉线。
(A)0.1～0.4　　　(B)1～2　　　　　(C)0.5～1.5　　　(D)3～4

62. 用于检查工件在加工后的各种误差,作为分析原因的线,称为(　　)。
(A)找正线　　　　(B)加工线　　　　(C)证明线　　　　(D)基准线

63. 机械设备的基础松动或刚性太差,会产生(　　)故障。
(A)不正常振动　　(B)不正常发热　　(C)不正常锈蚀　　(D)黏着磨损

64. 除(　　)外,其他三种机床都是十分精密的机械。
(A)金属切削机床　(B)螺纹磨床　　　(C)坐标镗钻床　　(D)齿轮加工机床

65. 精密机床的精密性由(　　)的精密性来保证。
(A)动力部分　　　(B)控制部分　　　(C)传动部分　　　(D)传动部分和导轨部分

66. 机器安装完成后,试车时应(　　)。
(A)按额定速度运行　　　　　　　　(B)从低速到高速逐步进行
(C)高速启动　　　　　　　　　　　(D)手动

67. 当零件数量较多时可用(　　)方法除锈。
(A)钢丝刷　　　　(B)化学　　　　　(C)砂轮　　　　　(D)机械

68. 清洗设备加工面的干油防锈层时可用(　　)。
(A)煤油　　　　　(B)机油　　　　　(C)酒精　　　　　(D)碱液

69. 高速旋转机械启动试运转,(　　)。
(A)可突然提速　　(B)不可点动　　　(C)应点动　　　　(D)应长时间试转

70. 零件在机械加工过程中,把工件有关的工艺尺寸彼此按顺序连接起来,构成一个封闭图,称为(　　)。
(A)组成环　　　　(B)开放环　　　　(C)工艺尺寸链　　(D)装配尺寸链

71. 高速旋转机械大多采用(　　)。
(A)滚动轴承　　　　　　　　　　　(B)高精度滚动轴承
(C)非液体摩擦润滑滑动轴承　　　　(D)液体摩擦润滑滑动轴承

72. (　　)主要用于加工工件的平面、沟槽、角度、成型表面和切断。
(A)铣床　　　　　(B)钻床　　　　　(C)磨床　　　　　(D)车床

73. 切削液具有冷却作用、润滑作用、清洗作用和(　　)作用。
(A)改善工件机械性能　　　　　　　(B)润滑机床导轨
(C)防锈　　　　　　　　　　　　　(D)保护机床

74. 麻花钻的切削部分可有(　　)。
(A)六面五刃　　　(B)五面六刃　　　(C)四面三刃　　　(D)六面六刃

75. 液压传动的动力部分的作用是将机械能转变成液体的(　　)。
(A)热能　　　　　(B)电能　　　　　(C)压力势能　　　(D)势能

76. 液压传动的动力部分一般指(　　)。
(A)电动机　　　　(B)液压泵　　　　(C)储能器　　　　(D)电压器

77. 液压传动的工作部分的作用是将液压势能转换成(　　)。

　　(A)机械能　　　　(B)原子能　　　　(C)光能　　　　(D)动能

78.（　　）是用来调定系统压力和防止系统过载的压力控制阀。

　　(A)回转式油缸　　(B)溢流阀　　　　(C)换向阀　　　　(D)单向阀

79. 油泵的吸油高度一般应限制在（　　）以下,否则易于将油中空气分离出来,引起气蚀。

　　(A)1 000 mm　　(B)600 mm　　　(C)500 mm　　　(D)300 mm

80. 液压系统的油箱中油的温度一般在（　　）范围内比较合适。

　　(A)40 ℃～50 ℃　(B)55 ℃～65 ℃　(C)65 ℃～75 ℃　(D)25 ℃～35 ℃

81. 液压系统的蓄能器是储存和释放（　　）的装置。

　　(A)液体压力能　　(B)液体热能　　　(C)电能　　　　(D)原子能

82. 流量控制阀是靠改变（　　）来控制、调节油液通过阀口的流量,而使执行机构产生相应的运动速度。

　　(A)液体压力大小　　　　　　　　　(B)液体流速大小

　　(C)通道开口的大小　　　　　　　　(D)液体体积大小

83. 在任何力的作用下,保持大小和形状不变的物体称为（　　）。

　　(A)固体　　　　　(B)刚体　　　　　(C)钢件　　　　　(D)钢体

84. 能使物体运动或产生运动趋势的力,称（　　）。

　　(A)约反力　　　　(B)主动力　　　　(C)被动力　　　　(D)反约束力

85. 润滑油的黏度标志着流动性能,稀稠程度,黏度大的润滑油能承受大的载荷（　　）。

　　(A)流动性能低　　　　　　　　　　(B)流动性能好

　　(C)流动性没差异　　　　　　　　　(D)以上都不对

86. 运动副承受载荷愈大,选用润滑油的黏度（　　）,并要求油性好。

　　(A)愈高　　　　　(B)愈低　　　　　(C)不变　　　　　(D)以上都不对

87. 在加工某一工件前,对图样及工艺进行了解和分析所占的时间应属于（　　）。

　　(A)基本时间　　　(B)辅助时间　　　(C)准备时间　　　(D)工作时间

88. 同一个产品所采用加工工艺及使用设备不同,时间定额应该（　　）

　　(A)一样　　　　　(B)不一样　　　　(C)不一定　　　　(D)可能一样

89. 手工铰孔进给完毕后,铰刀要（　　）退出。

　　(A)按逆时针方向　　　　　　　　　(B)按顺时针方向

　　(C)顺时针方向或逆时针方向都可以　(D)根据不同情况决定

90. 当水泵叶片入口附近压强降至该处水开始（　　）,水泵将产生汽蚀现象,使水泵不能正常工作。

　　(A)汽化成气泡　　(B)凝结成冰　　　(C)流动　　　　　(D)无变化

91. 水泵运转中,由于叶轮前、后底盘外表面不平衡压力和叶轮内表面水动压力的轴向分力,会造成指向（　　）方向的轴向力。

　　(A)吸水口　　　　(B)与吸水口成 45°　(C)排水口　　　(D)与排水口成 45°

92. 机件由于设计、制造的缺陷,以及使用、操作、维护、修理不正确等因素,而造成过早磨损,属于（　　）。

　　(A)事故磨损　　　(B)自然磨损　　　(C)正常磨损　　　(D)不可避免磨损

93. 金属材料在载荷作用下抵抗破坏的性能称为（　　）。

(A)机械性能　　　(B)强度　　　　　(C)硬度　　　　　(D)刚度

94. 除了利用摩擦的场合之外,机器的摩擦表面之间最低限度应维持(　　)润滑状态。

(A)无油　　　　　(B)混合　　　　　(C)液体　　　　　(D)固体

95. 液压控制阀按其功能可分为方向控制阀、压力控制阀和(　　)三大类。

(A)两位三通控制阀 (B)单向阀　　　　(C)减压阀　　　　(D)流量控制阀

96. 下列刀具材料中红硬性最好的是(　　)。

(A)碳素工具钢　　(B)高速钢　　　　(C)硬质合金　　　(D)特殊钢

97. 当磨钝标准相同时,刀具耐用度愈大表示刀具磨损(　　)。

(A)愈快　　　　　(B)愈慢　　　　　(C)不变　　　　　(D)无影响

98. 刀具表面涂层硬质合金,目的是为了(　　)。

(A)美观　　　　　(B)防锈　　　　　(C)提高耐用度　　(D)防水

99. 在夹具中,用来确定刀具对工件的相对位置和相对进给方向,以减少加工中位置误差的元件和机构统称(　　)。

(A)刀具导向装置　(B)定心装置　　　(C)对刀块　　　　(D)装夹装置

100. 夹具中布置六个支承点,限制了六个自由度,这种定位称(　　)。

(A)完全定位　　　(B)过定位　　　　(C)欠定位　　　　(D)全定位

101. 测量误差对加工(　　)。

(A)有影响　　　　(B)无影响　　　　(C)有时有影响　　(D)大多有影响

102. 一个ϕ200 mm的钢筒在镗床上镗后经研磨机磨成,我们称这个孔经过了(　　)。

(A)两个工步　　　(B)两个工序　　　(C)两次进给　　　(D)两次加工

103. 一个ϕ30 mm的孔在同一个钻床中经削、扩削和铰削(　　)加工而成。

(A)三个工序　　　(B)三个工步　　　(C)三次进给　　　(D)三次加工

104. 制造各种结构复杂的刀具的常用材料是(　　)。

(A)碳素工具　　　(B)高速钢　　　　(C)硬质合金　　　(D)铸铁

105. 在铝、铜等有色金属光坯上划线,一般涂(　　)。

(A)石灰水　　　　(B)锌钡白　　　　(C)品紫　　　　　(D)无水涂料

106. 攻丝前的底孔直径应(　　)螺纹小径。

(A)略大于　　　　(B)略小于　　　　(C)等于　　　　　(D)不一定

107. 和标准型群钻相比,不锈钢群钻钻尖销高、弧槽稍浅,钻头(　　)磨出断屑槽。

(A)前面　　　　　(B)后面　　　　　(C)主切削刃　　　(D)横刃

108. 国家标准规定,机械图样中的尺寸以(　　)为单位。

(A)毫米　　　　　(B)厘米　　　　　(C)丝米　　　　　(D)英寸

109. 加工一个孔$\phi 50^{+0.04}_{0}$ mm,它公差为(　　)mm。

(A)ϕ50.04　　　(B)ϕ50.0　　　　(C)0.04　　　　　(D)0.011

110. 在大批量生产中应尽量采用高效的(　　)夹具。

(A)专用　　　　　(B)通用　　　　　(C)组合　　　　　(D)常用

111. 在铸铁工件上攻制M10的螺纹,底孔应选择钻头直径为(　　)mm。

(A)ϕ10　　　　　(B)ϕ9　　　　　(C)ϕ8.4　　　　(D)ϕ11

112. 基准孔的下偏差为(　　)。

(A)负值　　　　　(B)正值　　　　　(C)零　　　　　(D)小数

113. 当材料强度、硬度低,钻头直径小时宜选用(　　)转速。

(A)较低　　　　　(B)较高　　　　　(C)不变　　　　　(D)不确定

114. 扩孔时的切削速度比钻孔的切削速度(　　)。

(A)高　　　　　(B)低　　　　　(C)一样　　　　　(D)不确定

115. 当钻孔用直径很大的钻头时转速宜放(　　)。

(A)低　　　　　(B)高　　　　　(C)一样　　　　　(D)不确定

116. 对于传动效率较高,受力较大的机械上宜用(　　)。

(A)管螺纹　　　　　(B)梯形螺纹　　　　　(C)普通螺纹　　　　　(D)英制螺纹

117. 钻头直径为 10 mm,以 960 r/min 的转速钻孔时切削速度是(　　)。

(A)100 米/分　　　　　(B)20 米/分　　　　　(C)50 米/分　　　　　(D)30 米/分

118. 制造刀具和工具一般选用(　　)。

(A)普通碳素钢　　　　　(B)碳素工具钢　　　　　(C)结构钢　　　　　(D)合金钢

119. 游标卡尺按其读数值可分(　　)mm、0.02 mm 和 0.05 mm。

(A)0.01　　　　　(B)0.1　　　　　(C)0.2　　　　　(D)0.03

120. 砂轮机的搁架与砂轮间的距离,一般应保持在(　　)以内。

(A)10 mm　　　　　(B)5 mm　　　　　(C)3 mm　　　　　(D)4 mm

121. 立体划线要选择(　　)划线基准。

(A)一个　　　　　(B)两个　　　　　(C)三个　　　　　(D)四个

122. 零件两个方向的尺寸与其中心线具有对称性,且其他尺寸也从中心线起始标注,该零件的划线基准是(　　)。

(A)一个平面和一个中心线　　　　　(B)两条相互垂直的中心线

(C)两个相互垂直的平面(或)线　　　　　(D)两个相互平行的平面(或)线

123. 划线时,应使划线基准与(　　)一致。

(A)设计基准　　　　　(B)安装基准　　　　　(C)测量基准　　　　　(D)加工基准

124. 在已加工表面划线时,一般使用(　　)涂料。

(A)白喷漆　　　　　(B)粉笔　　　　　(C)蓝油　　　　　(D)黄油

125. 锉刀断面形状的选择取决于工件的(　　)。

(A)锉削表面形状　　　　　(B)锉削表面大小

(C)工件材料的软硬　　　　　(D)工件的材料

126. 为了使锉削表面光滑,锉刀的锉齿沿锉刀轴线方向成(　　)排列。

(A)不规则　　　　　(B)平行　　　　　(C)倾斜有规律　　　　　(D)垂直

127. 钻孔时,钻头绕本身轴线的旋转运动称为(　　)。

(A)进给运动　　　　　(B)主运动　　　　　(C)旋转运动　　　　　(D)横向运动

128. 钻头前角的大小(横刃处除外),与(　　)有关。

(A)后角　　　　　(B)顶角　　　　　(C)螺旋角　　　　　(D)前角

129. 麻花钻刃磨时,其刃磨部位是(　　)。

(A)前面　　　　　(B)后面　　　　　(C)副后面　　　　　(D)顶部

130. 麻花钻横刃修磨后,其长度( )。

(A)不变 　　　　　　　　　　(B)是原来的 1/2

(C)是原来的 1/3～1/5 　　　　(D)是原来的 3/4

131. 用压板夹持工件钻孔时,垫铁应比工件( )。

(A)稍低 　　　(B)等高 　　　(C)稍高 　　　(D)工件的 1/2 高

132. 在钻壳体与衬套之间的骑缝螺纹底孔时,钻孔中心的样冲眼应打在( )。

(A)略偏软材料一边 　　　　　(B)略偏硬材料一边

(C)两材料中间 　　　　　　　(D)硬材料上

133. 对钻孔表面粗糙度来说,一般情况下( )影响大。

(A)f 比 v 　　(B)v 比 f 　　(C)ap 比 v 　　(D)ap 比 f

134. 当钻头后角增大时,横刃斜角( )。

(A)增大 　　　(B)不变 　　　(C)减小 　　　(D)为零

135. 钻孔时加切削液的目的是( )。

(A)润滑作用 　　(B)冷却作用 　　(C)清洗作用 　　(D)提高粗糙度作用

136. 钻床运转满( )应进行一次一级保养。

(A)500 h 　　(B)1 000 h 　　(C)2 000 h 　　(D)1 500 h

137. 麻花钻在主截面中,测量的基面与前刀面之间的夹角叫( )。

(A)螺旋角 　　(B)前角 　　(C)顶角 　　(D)斜角

138. 标准麻花钻的顶角 $2\delta=118°\pm2°$,这时两主切削刃呈( )形。

(A)直线 　　　(B)外凸 　　　(C)内凹 　　　(D)螺旋

139. 标准麻花钻前角的大小与螺旋角的大小有关,螺旋角大,则前角( )。

(A)大 　　(B)小 　　(C)与螺旋角相同 　　(D)不变

140. 用标准铰刀铰削 IT9 级精度,表面粗糙度 $Ra1.6\ \mu m$ 的孔,其工艺过程应选择( )。

(A)钻孔、铰孔 　　　　　　　(B)钻孔、扩孔、铰孔

(C)钻孔、扩孔 　　　　　　　(D)钻孔、手铰

141. 扩孔加工属于孔的( )。

(A)粗加工 　　(B)半精加工 　　(C)精加工 　　(D)超精加工

142. 在形位公差中表示包容原则(单一要素)的符号是( )。

(A)Ⓜ 　　　(B)Ⓟ 　　　(C)Ⓔ 　　　(D)50

143. ( )代号应注在可见轮廓线、尺寸线、尺寸界线或它们的延长线上。

(A)热处理 　　(B)公差配合 　　(C)形位公差 　　(D)表面粗糙度

144. 表面粗糙度基本评定参数代号 Ra 表示的是( )。

(A)轮廓最大高度 　　　　　　(B)轮廓最小高度

(C)轮廓算术平均偏差 　　　　(D)微观不平度十点高度

145. 锥形锪钻按其锥度可分 60°、75°、90°和 120°等四种,其中( )使用数量最多。

(A)60° 　　(B)75° 　　(C)90° 　　(D)120°

146. 可调节手铰刀主要用来铰削( )的孔。

(A)非标准 　　(B)标准系列 　　(C)英制系列 　　(D)锥度孔

147. 铰孔结束后,铰刀应( )退出。

(A)正转 (B)反转 (C)正反转均可 (D)拔出

148. 丝锥由工作部分和( )两部分组成。

(A)柄部 (B)校准部分 (C)切削部分 (D)导向部分

149. 机用丝锥的后角 a_0 等于( )。

(A)6°～8° (B)10°～12° (C)14°～18° (D)18°～25°

150. 柱形分配丝锥,其头锥、二锥的大径、中径和小径( )。

(A)都比三锥小 (B)都与三锥相同 (C)都比三锥大 (D)与二锥相同

151. 在攻制工作台阶旁边或机体内部的螺孔时,可选用( )丝杠。

(A)普通铰杠 (B)普通活动铰杠

(C)固定或活动丁字铰杠 (D)活扳手

152. 按通用性分,机床夹具可分( )、专用夹具、成组可调夹具和组合夹具。

(A)电磁夹具 (B)气动夹具 (C)通用夹具 (D)手动夹具

153. 攻不通螺纹时,底孔深度( )所需的螺孔深度。

(A)等于 (B)小于 (C)大于 (D)大于 10 mm

154. 套螺纹时圆柱直径应( )螺纹直径。

(A)等于 (B)小于 (C)大于 (D)大于 5 mm

155. 米制普通螺纹的牙型角为( )。

(A)30° (B)55° (C)60° (D)45°

156. 螺纹从左向右升高称为( )。

(A)左螺纹 (B)右螺纹 (C)管螺纹 (D)锥管螺纹

157. ( )就是利用划线工具,使工件上有关的表面处于合理的位置。

(A)吊线 (B)找正 (C)借料 (D)检测

158. 按展开原理划放样图时,对于管件或弯形断面的工件应以板厚的( )尺寸为准。若折线形断面的工件,应以板厚的内层尺寸为准。

(A)中心层 (B)外层 (C)内层 (D)均可

159. 划线在选择尺寸基准时,应使划线时尺寸基准与图样上( )一致。

(A)测量基准 (B)装配基准 (C)设计基准 (D)工件实际中心基准

160. 标准群钻主要用来钻削合金结构钢和( )。

(A)铸铁 (B)碳钢 (C)合金工具钢 (D)铸铜

161. 标准群钻磨短横刃后产生内刃,其前角( )。

(A)增大 (B)减小 (C)不变 (D)为零

162. 标准群钻上的分屑槽应磨在一条主切削刃的( )段。

(A)外刃 (B)内刃 (C)圆弧刃 (D)横刃

163. 标准群钻磨有月牙形的圆弧刃,圆弧刃上各点的前角( )。

(A)增大 (B)减小 (C)不变 (D)为零

164. 钻铸铁的群钻第二重顶角为( )。

(A)70° (B)90° (C)110° (D)120°

165. 钻黄铜的群钻,为避免钻孔的扎刀现象,外刃的纵向前角磨成( )。

(A)8°　　　　(B)35°　　　　(C)20°　　　　(D)15°

166. 钻薄板的群钻,其圆弧的深度应比薄板工件的厚度大(　　)mm。

(A)1　　　　(B)2　　　　(C)3　　　　(D)5

167. 旋转体在外径向截面上有不平衡量,且产生的合力通过其重心,此不平衡称(　　)。

(A)动不平衡　　(B)动静不平衡　　(C)静不平衡　　(D)旋转不平衡

168. 机床设备的电气装置发生故障应由(　　)来排除。

(A)操作者　　(B)钳工　　(C)维修电工　　(D)技术员

169. 百分表测平面时,测量杆的触头应与平面(　　)。

(A)倾斜　　(B)垂直　　(C)平行　　(D)成 45°

170. 刀具的几何角度中起控制排屑方向作用的主要角度是(　　)。

(A)前角　　(B)后角　　(C)刀尖角　　(D)刃倾角

171. 重要铸件、锻件的毛坯划线时所用涂料为(　　)。

(A)石灰水　　(B)锌钡白　　(C)品紫　　(D)无水涂料

172. 工艺过程卡片要列出各道(　　)的名称、工种及使用的机床、工人技术等级和工时定额。

(A)工位　　(B)工步　　(C)工序　　(D)工艺路线

173. 为了使钻头在切削过程中,既能保持正确的切削方向,又能减小钻头与孔壁的摩擦,钻头的直径应当(　　)。

(A)向柄部逐渐减小　　　　(B)向柄部逐渐增大
(C)保持不变　　　　(D)前半部大

174. 工具制造厂出厂的标准麻花钻,顶角为(　　)。

(A)110°±2°　　(B)118°±2°　　(C)125°±2°　　(D)135°±2°

175. 手铰刀的校准部分是(　　)。

(A)前小后大的锥形　　　　(B)前大后小的锥形
(C)圆柱形　　　　(D)方形

176. 钻头后角增大,切削刃强度(　　)。

(A)增大　　(B)减小　　(C)不变　　(D)可能大也可能小

177. 常用锥形锪钻锥角是(　　)。

(A)45°　　(B)60°　　(C)75°　　(D)90°

178. 精铰 φ20 mm 的孔(已粗铰过)应留(　　)mm 加工余量。

(A)0.02～0.04　(B)0.1～0.2　(C)0.3～0.4　(D)0.4～0.6

179. 铰刀的前角是(　　)。

(A)−10°　　(B)10°　　(C)0°　　(D)45°

180. (　　)在电路中起安全保护作用。

(A)接触器　　(B)熔断器　　(C)中间继电器　　(D)时间继电器

181. M6～M24 的丝锥每套为(　　)。

(A)一件　　(B)两件　　(C)三件　　(D)四件

182. 装拆内六角螺钉时,使用的工具是(　　)。

(A)套筒扳手　　(B)内六方扳手　　(C)锁紧扳手　　(D)活扳手

183. 千分尺是属于(　　)。

(A)标准量具 　　　(B)专用量具 　　　(C)万能量具 　　　(D)长度量具

184. 夹紧装置的基本要求中,最重要的一条是( )。

(A)动作迅速 　　　(B)结构简单 　　　(C)正确的夹紧部位 (D)夹紧力大

185. 配钻直径为 $\phi40$ mm 的孔,一般应选用( )加工。

(A)台钻 　　　(B)立钻 　　　(C)摇臂钻 　　　(D)群钻

186. 百分表制造精度,分为 0 级和 1 级两种,0 级精度( )。

(A)高 　　　(B)低 　　　(C)与 1 级相同 　　　(D)分厂家

187. 有一尺寸 $\phi20_{-0.33}^{0}$ mm 的孔与 $\phi20_{0}^{+0.33}$ mm 的轴相配合,可能出现的最大间隙是( )mm。

(A)0.066 　　　(B)0.033 　　　(C)0 　　　(D)不确定

188. 一般划线钻孔的精度是( )mm。

(A)0.02～0.05 　　　(B)0.1～0.25 　　　(C)0.25～0.5 　　　(D)0～0.05

189. 铰孔时如铰削余量太大,则使孔( )。

(A)胀大 　　　　　　　　　　　　(B)缩小

(C)表面粗糙度增大 　　　　　　　(D)表面硬化

190. 设备加油或换油不方便的场合,一般用( )。

(A)机油 　　　(B)黄油 　　　(C)润滑油 　　　(D)柴油

191. 用丝锥加工零件内螺纹时,( )使用切削液。

(A)不必 　　　(B)必须 　　　(C)用不用都可以 　　　(D)铸铁件

192. 主要加工轴类零件的中心孔用( )钻。

(A)中心钻 　　　(B)麻花钻 　　　(C)扁钻 　　　(D)样冲

193. 分度值为 0.02 mm 的游标卡尺的精度是( )。

(A)0.01 mm 　　　(B)0.02 mm 　　　(C)0.2 mm 　　　(D)0.1 mm

194. 用以扩大已加工的孔叫( )。

(A)扩孔 　　　(B)钻孔 　　　(C)锪孔 　　　(D)铰孔

195. 一般用( )钻作扩孔钻。

(A)直柄 　　　(B)麻花 　　　(C)锪 　　　(D)群钻

196. 扩孔加工余量一般为( )mm。

(A)0.5～4 　　　(B)0.1～0.2 　　　(C)0.2～4 　　　(D)1～5

197. 铰孔的加工精度可高达( )。

(A)IT6～IT7 　　　(B)IT1～IT2 　　　(C)IT4～IT5 　　　(D)IT3～IT4

198. 铰刀按使用方法分为( )两种。

(A)手用和全自动 　　　　　　　　(B)机用和手用

(C)全自动和半自动 　　　　　　　(D)半自动和机用

199. 铰刀的切削刃前角为( )。

(A)0° 　　　(B)1° 　　　(C)2° 　　　(D)5°

200. 立钻适用于单件小批量生产中加工( )零件。

(A)中小型 　　　(B)大型 　　　(C)特大型 　　　(D)方形

201. 手电钻主要用于钻直径( )以下的孔。

(A)12 mm   (B)24 mm   (C)18 mm   (D)10 mm

202. 手电钻电源有( )。

(A)220 V,380 V   (B)380 V,36 V   (C)220 V,36 V   (D)36 V,24 V

203. 手电钻携带方便,操作简单,使用灵活,应用比较( )。

(A)广泛   (B)狭小   (C)一般   (D)方便

204. 钻头工作部分经热处理淬火至 HRC( )。

(A)30~35   (B)40~45   (C)62~65   (D)大于 65

205. ( )是钻头的夹持部分。

(A)柄部   (B)颈部   (C)工作部分   (D)锥部

206. ( )是在制造钻头时砂轮磨削退刀用的。

(A)柄部   (B)颈部   (C)工作部分   (D)锥柄

207. 钻头切削部分有( )条切削刃。

(A)一   (B)两   (C)三   (D)四

208. 切削部分两后刀面相交形成的两条棱刃,起( )作用。

(A)切削   (B)修光孔壁   (C)定位   (D)美观

209. 台虎钳是夹持工件的( )夹具。

(A)专用   (B)通用   (C)必备   (D)钻床

210. 工作台的升降,主轴箱也可升降的钻床是( )钻床。

(A)台式   (B)立式   (C)摇臂   (D)群钻

211. 0.02 mm 游标卡尺,当两下量爪合拢时,游标卡尺上的第 50 格与尺身的( )对齐。

(A)45   (B)50   (C)49   (D)1

212. 用百分表测量平面时,其测量头应与平面( )。

(A)平行   (B)垂直   (C)倾斜   (D)成 45°

213. 对小型工件进行钻、扩、铰小孔操作,最好在( )钻床上进行。

(A)摇臂   (B)台式   (C)立式   (D)群钻

214. 只需在工件一个表面上划线就能明确表示工件( )的称对面划线。

(A)加工边界   (B)几何形状   (C)加工界线   (D)尺寸

215. 几何划线法适用于小批量( )的场合。

(A)较高精度要求   (B)单件生产   (C)精度低   (D)不易加工

216. 划线平板放置时应使工作表面处于( )状态。

(A)垂直   (B)水平   (C)任意   (D)平行

217. 划线时,划针向划线方向倾斜 45°~75°的夹角,上部向外侧倾斜( )。

(A)15°~20°   (B)20°~30°   (C)45°~75°   (D)90°

218. 划线应从( )开始进行。

(A)工件中间   (B)划线基准   (C)工件边缘   (D)任意位置

219. 借料可以保证各个加工表面都有足够的( )。

(A)加工余量   (B)加工误差   (C)加工方法   (D)加工时间

220. 等分圆周是将圆在( )方向上均匀地分成若干等分的操作方法。

(A)长度 　　　　(B)轴向 　　　　(C)切线 　　　　(D)直径

221. 使用分度头划线,当手柄转一周时,装在卡盘上的工件转(　　)周。

(A)1 　　　　(B)0.1 　　　　(C)0.5 　　　　(D)1/40

222. 板锉的主要工作面指的是(　　)。

(A)锉刀上下两面 　　　　　　　　(B)两侧面

(C)全部锉齿的表面 　　　　　　　(D)端面

223. 圆锉的规格是用锉的(　　)尺寸来表示的。

(A)长度 　　　　(B)直径 　　　　(C)半径 　　　　(D)锥度

224. 适用于锉削不大平面的锉削方法是(　　)。

(A)交叉 　　　　(B)顺向 　　　　(C)推锉 　　　　(D)拉锉

225. 单齿纹锉刀适用于(　　)材料的锉削。

(A)硬 　　　　(B)软 　　　　(C)推锉 　　　　(D)铝

226. 标准麻花钻直径小于(　　)的做成直柄。

(A)13 mm 　　　　(B)10 mm 　　　　(C)15 mm 　　　　(D)20 mm

227. 麻花钻主切削刃上任意一点的基面、切削平面、主截面是相互(　　)的。

(A)平行 　　　　(B)垂直 　　　　(C)交叉 　　　　(D)没有关系

228. 麻花钻顶角的大小直接影响到主切削刃上(　　)的大小。

(A)背向力 　　　　(B)轴向力 　　　　(C)切削力 　　　　(D)阻力

229. 扩孔常作为孔的(　　)。

(A)半精加工 　　　　(B)粗加工 　　　　(C)精加工 　　　　(D)预加工

230. 扩孔钻钻心较粗,可以提高(　　),使切削更加平稳。

(A)韧性 　　　　(B)塑性 　　　　(C)弹性 　　　　(D)刚性

231. 铰刀的切削锥角决定铰刀切削部分的(　　)。

(A)直径 　　　　(B)宽度 　　　　(C)长度 　　　　(D)弧度

232. 铰削不通孔时,(　　)退出铰刀,清除切屑。

(A)经常 　　　　(B)不能 　　　　(C)偶尔 　　　　(D)无所谓

233. 为改善锥形锪钻钻尖处的容屑条件,钻尖处每隔(　　)将刀刃磨一块。

(A)一齿 　　　　(B)两齿 　　　　(C)三齿 　　　　(D)1/3 圆

234. 普通螺纹牙型角为(　　)。

(A)30° 　　　　(B)45° 　　　　(C)60° 　　　　(D)90°

235. 圆锥管螺纹锥度为(　　)。

(A)1∶10 　　　　(B)1∶16 　　　　(C)1∶20 　　　　(D)2∶16

236. 丝锥的柄部有方,便于(　　)。

(A)切削 　　　　(B)导向 　　　　(C)刃磨 　　　　(D)夹持

237. 手用丝锥是指(　　)的滚牙丝锥。

(A)碳素工具钢 　　　　(B)高速钢 　　　　(C)结构钢 　　　　(D)合金钢

238. 在攻螺纹时,起攻应使用(　　)。

(A)三锥 　　　　(B)二锥 　　　　(C)头锥 　　　　(D)无所谓

239. 切削部分是板牙两端有切削锥角部分,它不是(　　)面。

（A）圆锥　　　　（B）圆柱　　　　（C）平　　　　（D）台阶

240. 旋转零件在高速旋转时,将产生很大的（　　　）,因此需要事先做平衡调整。

（A）重力　　　　（B）离心力　　　　（C）线速度　　　　（D）不平衡

241. 在钻孔时,当孔径 D 小于 5 mm 为钻小孔,D（　　　）为钻微孔。

（A）≤5 mm　　　　（B）≤4 mm　　　　（C）≤3 mm　　　　（D）<1 mm

242. 在某淬硬钢工件上加工内孔 $\phi15H5$,表面粗糙度为 $Ra0.2\ \mu m$,工件硬度为 HRC 30~35,应选择适当的加工方法为（　　　）。

（A）钻—扩—铰　　　（B）钻—金刚镗　　　（C）钻—滚压　　　（D）钻—镗—研磨

243. 在机械加工工艺过程中,按照基面先行原则,应首先加工定位精基面,这是为了（　　　）。

（A）消除工件中的残余变形,减少变形

（B）使后续各道工序加工有精度的定位基准

（C）有利于减小后续工序加工表面的粗糙度值

（D）有利于精基面本身精度的提高

244. 加工 45 钢零件上的孔 $\phi30$ mm,公差等级为 IT9,粗糙度为 $Ra3.2\ \mu m$,其最佳加工方法为（　　　）。

（A）钻—铰　　　（B）钻—拉　　　（C）钻—扩　　　（D）钻—镗

245. 钻床（　　　）一般是在钻床上用切削试件的方法或用仪器加载的方法进行。

（A）空载试验　　　（B）负荷实验　　　（C）精度检验　　　（D）破坏试验

246. 在主轴安装角形千分表架,空挡回转主轴,使表与放置在工作台不同角度的平尺相接触,即可测出钻床主轴与工作台的（　　　）。

（A）倾斜度　　　（B）垂直度　　　（C）直线距离　　　（D）角度

247. 检验钻床工作台安装水平时可将（　　　）放在工作台中间相垂直的两个方向上,用绝对读数法测量出工作台的水平度。

（A）水平仪　　　（B）带座千分表　　　（C）板桥　　　（D）平尺

248. 钻床主轴径向跳动的检验方法是使固定在工作台上的千分表测头接触安装在主轴（　　　）中的检验棒表面,回转主轴在相距一定距离的两处检测跳动值,其最大差值即为钻床主轴径向跳动误差。

（A）端面　　　（B）外圆　　　（C）套筒　　　（D）锥孔

249. 当因调节弹簧作用力不足导致立式钻床保险离合器失灵时,可通过调整调节螺钉将弹簧作用力调到超正常负荷（　　　）来解决。

（A）10%　　　（B）60%　　　（C）80%　　　（D）100%

250. 按钮和接触器同其他电器可组成控制电路,用以对电机进行（　　　）或停止控制。

（A）启动　　　（B）调速　　　（C）过载　　　（D）过热

251. 当电机过载时,（　　　）能自动切断电机控制电路,使电机停止转动。

（A）交流接触器　　　　　　（B）停止按钮

（C）中间继电器　　　　　　（D）热继电器

252. 当电机过载时,热继电器自动切断电机控制电路,电机会（　　　）。

（A）停止转动　　　　　　（B）发出嗡嗡声

（C）转速升高　　　　　　（D）低速运转

253. 直径在(　　)以下的小孔称为微孔。
(A)1 mm　　　　(B)2 mm　　　　(C)3 mm　　　　(D)4 mm

254. 钻微孔(　　)困难,切屑阻塞易折断钻头,而且切削液难以进入孔内,钻头耐用度低。
(A)进给　　　　(B)冷却　　　　(C)排屑　　　　(D)断屑

255. 钻微孔应采用(　　)钻夹头,并配备放大镜和瞄准对中仪。
(A)浮动　　　　(B)快换　　　　(C)安全　　　　(D)精密定心

256. 由于液体(　　)的作用和孔内气泡的阻碍,钻微孔时切削液很难进入孔内。
(A)耐用度　　　(B)重力　　　　(C)流动性　　　(D)表面张力

257. 孔挤压加工能达到(　　)的尺寸精度和 $Ra0.025\sim0.4~\mu m$ 的表面粗糙度。
(A)IT3~IT4　　(B)IT5~IT6　　(C)IT10~IT11　　(D)IT11~IT12

258. 孔挤压加工的特点是(　　)高,表面粗糙度低,使用工具简单,加工效率高。
(A)加工精度　　(B)形位精度　　(C)定位精度　　(D)测量精度

259. (　　)下能产生塑性变形的金属材料并且壁厚较大的孔都可进行挤压加工。
(A)高温　　　　(B)低温　　　　(C)常温　　　　(D)超高温

260. 孔挤压加工的推挤方式适用(　　)加工,拉挤方式适用长孔加工。
(A)短孔　　　　(B)小孔　　　　(C)深孔　　　　(D)微孔

261. 孔挤压加工使用的工具有钢球、(　　)等。
(A)圆拉刀　　　(B)圆推刀　　　(C)挤压刀　　　(D)钢针

262. 孔经过挤压加工可达到精整尺寸、挤光表面、(　　)表层的效果。
(A)强化　　　　(B)细化　　　　(C)软化　　　　(D)氧化

263. 用钻床在钢板上切割孔,最大切割厚度可达(　　)mm,切割直径为 50~400 mm。
(A)0.5　　　　　(B)3　　　　　　(C)10　　　　　(D)20

264. 用钻床切割孔前先在钢板或钢管上钻孔,以对切割刀进行(　　),然后进行孔的切割。
(A)定心与支承　(B)定位　　　　(C)定尺寸　　　(D)找正

265. 钻床切割孔用切刀一般用(　　)磨制。
(A)工具钢刀条　(B)碳素钢刀条　(C)硬质合金刀条　(D)高速钢刀条

266. 钻床切割厚钢板孔时,刃磨刀具特别要注意切刀(　　)的大小,避免刀具副后面与孔壁产生摩擦。
(A)前角　　　　(B)后角　　　　(C)负后角　　　(D)刃倾角

267. 钻床切割薄板工件装夹前先在板下面垫上较平的木板,然后在板上面进行多点压紧,并保证板面平整且与(　　)相垂直。
(A)切刀　　　　(B)工作台　　　(C)钻床主轴　　(D)刀架

268. 切割钢管孔时由于弧形管壁的特点,中间的圆形余料随着切刀的切入,将产生摆动和旋转,容易将(　　)挤住。
(A)切刀　　　　(B)切屑　　　　(C)余料　　　　(D)钢

269. 切割板料时如果外侧刀伸出短、内侧刀伸出长,就会先将中间余料切掉,造成切割刀失去(　　)。

（A）重心　　　　（B）平衡　　　　（C）定心和支承　　　（D）切割作用

270. 加工轴线平行孔系要保证孔轴线与基准平面间的距离精度与平行度,孔与孔轴线间的（　　）精度与平行度。

（A）角度　　　　（B）形状　　　　（C）距离　　　　（D）几何

271. （　　）加工轴线平行孔系的方法分为划线校正法、块规心轴校正法和样板校正法。

（A）校正法　　　（B）坐标法　　　（C）镗模法　　　（D）数控机床

272. 用（　　）加工轴线平行孔系要在毛坯上按图划出孔中心的十字线、平行线、腰线和轮廓线。

（A）划线校正法　　（B）坐标法　　　（C）镗模法　　　（D）数控机床

273. 划线校正法加工平行孔系能达到的孔距精度一般为±（　　）mm 左右。

（A）0.05　　　　（B）1　　　　（C）0.1　　　　（D）0.5

274. 用块规与心轴校正主轴位置时,块规与心轴的间隙要用（　　）测定,以免影响校正精度。

（A）卡尺　　　　（B）内测千分尺　（C）塞尺　　　　（D）光滑塞规

275. 用镗模法加工平行孔系加工精度不受（　　）的影响。

（A）镗杆与镗模导套的配合精度　　　（B）镗模孔距精度

（C）机床精度　　　　　　　　　　（D）镗杆主轴连接方式

276. 镗模法加工平行孔系的方法适用于（　　）生产。

（A）单件　　　　（B）小批量　　　（C）临时性　　　（D）成批量

277. 用加工中心加工箱体孔系使用的工装（　　）、数量少、生产准备周期短。

（A）结构复杂　　（B）精度高　　　（C）结构简单　　（D）简陋

278. 钻轴线平面相交斜深孔钻头容易偏斜,孔中心位置不易保证,钻孔中轴线容易歪斜,结果导致两孔轴线不能相交或（　　）误差大。

（A）交叉角度　　（B）相交角度　　（C）垂直度　　　（D）倾斜度

279. 钻相交斜深孔用麻花钻头,钻头轴线（　　）,钻头主切削刃和角度要对称。

（A）弯曲　　　　（B）要直　　　　（C）要平　　　　（D）对称

280. 一般钻相交斜深孔工件应按（　　）找正,用平口钳或弯板、螺栓压板装夹,并在底面适当支承,防止钻孔时偏转。

（A）划线　　　　（B）孔轮廓线　　（C）孔端面　　　（D）工件底面

281. 钻轴线平面相交斜深孔进给速度要小,钻头退出排屑要勤,防止轴向切削力过大和切屑阴塞使钻头（　　）。

（A）偏斜　　　　（B）崩刃　　　　（C）磨损　　　　（D）烧毁

282. （　　）钻头切削液在高的压力下由孔壁与钻杆间的缝隙进入钻孔切削区,将切屑带走,经钻杆内孔排出。

（A）螺旋　　　　（B）长麻花　　　（C）外排屑　　　（D）内排屑

283. 多刃深孔钻头（　　）处有喷液小孔,钻杆中间有切削液输入孔,可将碎的切屑用高压切削液冲走。

（A）副切削刃　　（B）横刃　　　　（C）主切削刃　　（D）圆周面

284. （　　）是万能分度头的主要功能部件。

（A）分度叉　　　（B）主轴紧固手柄　（C）壳体　　　（D）鼓形回转体

285. 利用分度头主轴上的刻度盘可进行(　　)。

(A)直接分度　　　　(B)简单分度　　　　(C)差动分度　　　　(D)近似分度

286. 分度头的蜗轮为 40 齿,蜗杆为单头,(　　)时手柄与蜗杆每转一周,蜗轮即带动主轴转动 1/40 圈。

(A)直接分度　　　　(B)简单分度　　　　(C)差动分度　　　　(D)近似分度

287. 在分度头上装夹以顶针孔为基准的轴类工件应使用双顶针和(　　)。

(A)三爪卡盘　　　　(B)四爪卡盘　　　　(C)弹性卡头　　　　(D)鸡心卡箍

288. 孔径较小的法兰工件可用装在分度头主轴锥孔中的(　　)装夹。

(A)芯轴　　　　(B)螺栓　　　　(C)卡盘　　　　(D)顶尖

289. 用立钻在分度头上进行圆周分度钻孔应将分度头(　　)回转到水平位置的零位。

(A)分度叉　　　　(B)定位销　　　　(C)主轴　　　　(D)分度盘

290. (　　)分马氏体和奥氏体两大类。

(A)耐热钢　　　　(B)轴承钢　　　　(C)弹簧钢　　　　(D)不锈钢

291. 易切不锈钢属于(　　)不锈钢。

(A)马氏体　　　　(B)珠光体　　　　(C)奥氏体　　　　(D)结晶体

292. (　　)是奥氏体不锈钢的一个牌号。

(A)2Cr13　　　　(B)1Cr13　　　　(C)1Cr18Ni9Ti　　　　(D)W18Cr4V

293. (　　)是马氏体不锈钢的一个牌号。

(A)2Cr13　　　　(B)1Cr18Ni9Ti　　　　(C)W18Cr4V　　　　(D)HT200

294. (　　)钻削塑性大、延展性强,长切屑缠钻头。

(A)耐热钢　　　　(B)轴承钢　　　　(C)弹簧钢　　　　(D)不锈钢

295. 奥氏体不锈钢在高的切削热作用下,会与(　　)表面产生粘结磨损。

(A)工件　　　　(B)刀具　　　　(C)夹具　　　　(D)量具

296. 奥氏体不锈钢的导热性只有碳素钢的 1/3～1/4,切削热集中在(　　)。

(A)工件上　　　　　　　　(B)钻头刃口附近

(C)钻头导向部　　　　　　(D)空气中

297. 不锈钢钻孔时切屑常见的形状是(　　)。

(A)螺旋状　　　　(B)蜗卷状　　　　(C)带状　　　　(D)扇状

298. 选用合适的(　　)进行充分冷却利于提高钻头耐用度和断屑。

(A)切削速度　　　　(B)进给量　　　　(C)刀具角度　　　　(D)切削液

299. 适当降低切削速度、加大进给量,可改善不锈钢钻孔(　　)效果。

(A)断屑　　　　(B)精度　　　　(C)孔壁表面粗糙度　　　　(D)排屑

三、多项选择题

1. 畸形工件划线,一般都借助于一些辅助工具,如(　　)等来实现。

(A)台虎钳　　　　(B)角铁　　　　(C)气液夹紧装置　　　　(D)方箱

2. 旋转体上不平衡所产生的离心力,如果遇到力偶,则(　　),通俗地讲将使旋转体产生摆动,这种不平衡称(　　)。

(A)旋转体在旋转时会产生垂直于轴线方向的振动

(B)旋转体不仅会在旋转时会产生垂直于轴线方向的振动,还要使轴线产生倾斜的振动

(C)动不平衡

(D)静不平衡

3. 不论是刚性或柔性的旋转体,也不论是静平衡还是动平衡的调整,其具体做法用(　　)。

(A)调整转速的方法　　　　　　　　　(B)加重的方法

(C)调整设计参数　　　　　　　　　　(D)去重的方法

4. 在未淬硬工件上加工内孔 $\phi18$ mm,要求孔径精度为IT7,表面粗糙度为 $Ra1.6\ \mu m$,可选用(　　)等加工方法。

(A)钻—研磨　　　(B)钻—磨　　　(C)金刚镗　　　(D)精钻精铰

5. 要保证精密孔系加工时的位置精度,可采用(　　)等工艺。

(A)样板找正对刀

(B)定心套、量块或心轴和千分表找正对刀

(C)在镗孔机床上安装量块、千分表测量装置确定孔位

(D)坐标镗床镗孔

6. 单件小批生产某工件上要加工轴线平行的精密孔系,要求孔心距精度位 $\pm(0.05\sim0.03)$mm,可选择(　　)等加工方法。

(A)按划线钻孔　　　　　　　　　　(B)用定心套、量块预定孔位,千分表找正对刀

(C)专用钻模钻孔　　　　　　　　　(D)坐标镗床镗孔

7. 在摇臂钻床上小批加工法兰盘工件端面上圆周均布的八孔,要求孔心距精度位 $\pm(0.15\sim0.1)$mm,可选择(　　)等加工方法。

(A)用万能分度头配合量棒、量块、千分表等

(B)八等分专用钻模

(C)按划线找正孔位

(D)用回转工作台配合量棒、量块、千分表等

8. 关于粗基准的使用,以下叙述正确的是(　　)。

(A)应选工件上不需加工表面作粗基准

(B)当工件要求所有表面都需要加工时,应选加工余量最大的毛坯表面作粗基准

(C)粗基准若选择得当,允许重复使用

(D)粗基准只能使用一次

9. 关于精基准的使用,以下叙述正确的是(　　)。

(A)尽可能选装配基准为精基准

(B)几个加工工序尽可能采用同一精基准定位

(C)应选加工余量最小的表面作精基准

(D)作为精基准的表面不一定要有较高精度和表面质量

10. 加工某钢质工件上的 $\phi20H8$ 孔,要求 Ra 为 $0.8\ \mu m$,常选用(　　)方法。

(A)钻—扩—粗铰—精铰　　　　　　(B)钻—拉

(C)钻—扩—镗　　　　　　　　　　(D)钻—粗镗(或扩)—半精镗—磨

11. 拟定零件加工工艺路线时,遵守粗精加工分开的原则可以带来下述好处(　　)。

(A)有利于主要表面不被破坏　　　　(B)可及早发现毛坯内部缺陷

(C)为合理选用机床设备提供可能　(D)可减少工件安装次数和变形误差

12. 常用钻床钻模夹具有(　　)。

(A)固定式　　　(B)可调式　　　(C)移动式　　　(D)组合式

13. 钻模夹具上的钻套一般有(　　)几种。

(A)固定钻套　　(B)可换钻套　　(C)快换钻套　　(D)特殊钻套

14. 钻孔是在实心材料上加工孔的(　　)工序。

(A)第一道　　　(B)第二道　　　(C)第三道　　　(D)最后一道

15. 孔的加工加工有两种方式,(　　)属于工件旋转。

(A)钻床钻孔　　(B)车床钻孔　　(C)镗床钻孔　　(D)铣床铣孔

16. 在钻头旋转的钻孔方式中,被加工孔的中心线容易发生偏移,孔径(　　)。

(A)容易发生偏斜　(B)基本不变　　(C)是直的　　　(D)发生变化

17. 测量误差可能是(　　)等原因引起的。

(A)计算公式不准确　　　　　　　(B)测量方法选择不当

(C)工件安装不合理　　　　　　　(D)计量器制造不理想

18. 最常用的钻孔刀具是(　　)。

(A)中心钻　　　(B)麻花钻　　　(C)深孔钻　　　(D)手钻

19. 麻花钻的直径规格为(　　)。

(A)$\phi 1 \sim 50$ mm　(B)$\phi 0.1 \sim 80$ mm　(C)$\phi 50 \sim 80$ mm　(D)$\phi 0.1 \sim 50$ mm

20. 钻头柄部有直柄和锥柄两种,直柄用于(　　)。

(A)小直径钻头　(B)中直径钻头　(C)大直径钻头　(D)加长钻头

21. 零件图上的技术要求包括(　　)。

(A)表面粗糙度　(B)尺寸公差　　(C)热处理　　　(D)表面处理

22. 零件加工精度包括(　　)。

(A)绝对位置　　(B)尺寸　　　　(C)几何形状　　(D)相对位置

23. (　　)过大,会削弱切削刃的强度,使散热条件变差。

(A)顶角　　　　(B)后角　　　　(C)螺旋角　　　(D)前角

24. 安全检查的方式,包括下列(　　)种类。

(A)定期检查　　(B)突击检查　　(C)连续检查　　(D)特种检查

25. 下列(　　)是特种检查的范围。

(A)事故调查　　(B)卫生调查　　(C)新设备的安装　(D)新工艺的采用

26. 使用警告牌,下列(　　)是正确的方法。

(A)字迹应清晰　　　　　　　　　(B)挂在明显位置

(C)必须是金属做的　　　　　　　(D)不相互代用

27. 拟定零件加工工艺路线时,遵守粗精加工分开的原则可以带来的好处有(　　)。

(A)有利于主要表面不被破坏　　　(B)可及早发现毛坯内部缺陷

(C)为合理选用机床设备提供可能　(D)可减少工件安装次数和变形误差

28. 与钻孔相比,扩孔具有以下优点(　　)。

(A)扩孔钻齿数多、导向性好,切削比较稳定

(B)扩孔钻没有横刃、切削条件好

(C)加工余量小,钻芯可做得粗些

(D)刀体强度和刚性好

29. 工件的装夹包括( )两个内容。

(A)定位 (B)上装 (C)下装 (D)夹紧

30. 铝合金特点有( )。

(A)重量轻

(B)导热导电性较好

(C)塑性好、抗氧化性好

(D)高强度铝合金强度可与碳素钢相近

31. 夹具常用的定位元件有( )。

(A)支承板 (B)定位衬套 (C)V 型架 (D)定位销

32. 对于钻削深孔下列说法正确的是( )。

(A)钻深孔时,切削速度不能太高

(B)钻深孔时,切削速度不能太低

(C)钻深孔时,钻头的导向部分要有很好的刚度

(D)钻深孔时,钻头的导向部分要有很好的导向性

33. 对于钻削深孔下列说法不正确的是( )。

(A)钻深孔时,切削速度不能太高

(B)钻深孔时,切削速度不能太低

(C)钻深孔时,钻头的导向部分要有很好的塑性

(D)钻深孔时,钻头的导向部分要有很好的导向性

34. 下列叙述对于钻削相交孔说法正确的是( )。

(A)先钻直径较大的孔,再钻直径较小的孔

(B)先钻直径较小的孔,再钻直径较大的孔

(C)孔与孔即将钻穿时须减小进给量

(D)孔与孔即将钻穿时须增大进给量

35. 下列叙述对于钻削相交孔说法不正确的是( )。

(A)先钻直径较大的孔,再钻直径较小的孔

(B)先钻直径较小的孔,再钻直径较大的孔

(C)孔与孔即将钻穿时须减小进给量

(D)孔与孔即将钻穿时须增大进给量

36. 钻精孔时,将普通麻花钻修磨成精孔钻头,可( )。

(A)磨出第二个顶角 (B)将外缘尖角全部磨成圆弧过渡刃

(C)将钻头前端棱边磨窄 (D)磨出分屑槽

37. 镗孔的加工方式为( )。

(A)工件旋转,刀具作进给运动

(B)刀具旋转,工件作进给运动

(C)刀具旋转并作进给运动

(D)刀具、工件同时运动

38. 钻斜孔的三种情况是指( )。

(A)在斜面上钻孔 　　　　　(B)在斜面上钻斜孔

(C)在平面上钻斜孔 　　　　　(D)在曲面上钻孔

39. 下列对钻斜孔操作叙述正确的是( )。

(A)钻头切削刃上负荷不均

(B)钻头易崩刃或折断

(C)可能因钻头偏斜而钻不进工件

(D)很难保证孔的正确位置

40. 钻斜孔可以采用的方法是( )。

(A)用錾子在斜面上錾出一个平面,然后用中心钻钻出一个中心孔,再用所需钻头钻孔

(B)钻斜孔时,可先用与孔径相等的立铣刀在斜面上铣出一个平面,然后再钻孔

(C)可用錾子在斜面上錾出一个平面,然后用小钻头钻出一个浅孔,再用所需的钻头钻孔

(D)可以在斜面上直接钻孔

41. 下列只适于加工较短的孔的镗孔方式有( )

(A)工件旋转,刀具作进给运动

(B)刀具旋转,工件作进给运动

(C)刀具旋转并作进给运动

(D)刀具、工件同时运动

42. 钻小孔的难点是( )。

(A)钻头直径小,强度低

(B)钻孔时,转速高,产生的切削温度高,又不易散热,加剧了钻头的磨损

(C)螺旋槽又比较窄,不易排屑

(D)钻头容易折断,钻头刚性差

43. 下列对钻削小孔要点说法正确的是( )。

(A)选用精度较高的钻床

(B)采用相应的小型钻夹头

(C)开始时,进给力要小

(D)不可频繁提起钻头

44. 钻小孔时使用的分屑措施有( )。

(A)双重锋角 　　　　　(B)单边第二锋角

(C)单边分屑槽 　　　　　(D)台阶刃

45. 锪钻有( )几种形式。

(A)平面锪钻 　　(B)外锥面锪钻 　　(C)内锥面锪钻 　　(D)螺旋锪钻

46. 钻套的作用是( )。

(A)确定刀具相对夹具定位元件的位置

(B)在加工中对钻头等孔加工刀具进行引导

(C)防止刀具在加工中发生偏斜

(D)排屑方便

47. 按钻套的结构和使用情况,( )钻套没有标准化。

(A)固定式　　　(B)可换式　　　(C)快换式　　　(D)特殊

48. 钻套高度和下列( )因素有关。

(A)孔距精度　　　(B)工件材料　　　(C)孔加工深度　　　(D)刀具刚度

49. 下列对标准麻花钻的缺点叙述错误的是( )。

(A)横刃较长,横刃处前角为零

(B)主切削刃上各点前角大小不一样

(C)棱边处负后角为负值

(D)靠近钻心处前角为负

50. 下列对标准群钻叙述正确的是( )。

(A)标准群钻主要用来钻削碳钢和各种合金结构钢,应用最广

(B)磨出月牙槽,形成凹形圆弧刃,把主切削刃分成3段

(C)圆弧刃上各点前角增大,减小了切削阻力,可提高切削效率

(D)降低了钻尖高度,可将横刃磨得较短而不影响钻尖强度

51. 下列对标准群钻叙述错误的是( )。

(A)磨出月牙槽后,使切屑变窄

(B)磨出分屑槽,形成凹形圆弧刃,把主切削刃分成3段

(C)圆弧刃上各点前角增大,减小了切削阻力,可提高切削效率

(D)降低了钻尖高度,可将横刃磨得较短而不影响钻尖强度

52. 薄板群钻的特点是( )。

(A)薄板群钻两切削刃外缘磨成锋利的刀尖,钻心尖在高度上仅相差1~2 mm

(B)薄板群钻两切削刃外缘磨成锋利的刀尖,钻心尖在高度上仅相差0.5~1.5 mm

(C)钻薄板群钻又称三尖钻

(D)薄板群钻的特征要点是迂回、钳制靠三尖,内定中心外切圆

53. 对于薄板群钻的特点下列说法不正确的是( )。

(A)薄板群钻两切削刃外缘磨成锋利的刀尖,钻心尖在高度上仅相差1~2 mm

(B)薄板群钻两切削刃外缘磨成锋利的刀尖,钻心尖在高度上仅相差0.5~1.5 mm

(C)钻薄板群钻又称三尖钻

(D)薄板群钻的特征要点是迂回、钳制靠三尖,内定中心外切圆

54. 摩擦表面的润滑状态有( )。

(A)无润滑状态　　(B)边界润滑状态　　(C)流体润滑状态　　(D)混合润滑状态

55. 力的三要素是力的( )。

(A)大小　　　(B)种类　　　(C)方向　　　(D)作用点

56. 工时定额由( )、休息与基本生活需要时间四个时间因素组成。

(A)作业时间　　　　　　　(B)准备和终结时间

(C)布置工作时间　　　　　(D)辅助时间

57. 工艺基准按其作用可分为( )。

(A)装配基准　　(B)测量基准　　(C)定位基准　　(D)工序基准

58. 润滑剂的种类有( )。

(A)润滑油　　　(B)润滑脂　　　(C)固体润滑剂　　　(D)润滑液

59. 常用的热强钢有( )。
(A)马氏体钢 　(B)奥氏体钢 　(C)洛氏体钢 　(D)莫氏体钢

60. 塑料应用较多的是( )。
(A)聚四氟乙烯 　(B)聚乙烯 　(C)聚氯乙烯 　(D)尼龙

61. 生产线的零件工序检验有( )。
(A)自检 　(B)他检 　(C)抽检 　(D)全检

62. ( )是提高劳动生产率的有效方法。
(A)改进工艺 　(B)增加人 　(C)增加设备 　(D)改进机床

63. 切削液可分为( )。
(A)水溶液 　(B)切削剂 　(C)乳化液 　(D)油液

64. 切削液的作用有( )。
(A)冷却 　(B)润滑 　(C)洗涤 　(D)排屑

65. 生产类型可分为( )。
(A)少量生产 　(B)单件生产 　(C)成批生产 　(D)大量生产

四、判 断 题

1. 计量器具误差是指由于计量器具本身的设计、制造、装配等原因引起的计量器具的示值误差。( )

2. 当计量器具的固有误差无法忽略时,应给出修正值对测量结果进行修正。( )

3. 用检验平尺检验导轨直线度时,平尺精度等级应低于被测导轨精度。( )

4. 机床传动机构的误差、装配间隙将破坏正确的运动关系,并产生加工误差。( )

5. 在照明、电热电路中,熔丝的额定电流应低于电路中负载的工作电流。( )

6. 在异步电动机直接启动的电路中,电动机的额定电流应为铜熔丝额定电流的2.5~3倍。( )

7. 电动机的过载保护,并不是依靠熔断器。( )

8. 热继电器不能作为短路保护。( )

9. 使用夹具加工时,工件的精度不受夹具精度的影响。( )

10. 刀具的制造误差、装夹误差及磨损会产生加工误差。( )

11. 机床、夹具、刀具和工件在加工时任一部分变形,都将影响工件的加工精度。( )

12. 工件的刚度只与工件的结构、尺寸及形状有关,与其在机床上的装夹及支承情况无关。( )

13. 油箱必须与大气相通。( )

14. 作为安全生产的一般常识,清除切屑要使用工具。( )

15. 对转速越高的旋转体,规定的平衡精度应越高,即偏心速度越大。( )

16. 内螺纹圆锥销可用于其中一件为盲孔的定位。( )

17. 大型工件划线同于一般的立体划线。( )

18. 异形工件划线要借助辅助夹具的帮助来进行。( )

19. 平板拼接在大型工件划线中应用较多。( )

20. 薄板群钻外缘处刀尖和钻心处,钻尖在高度上仅差 2 mm。( )

21. 凸轮的划线常用特形曲线的划法。(　　)

22. 阿基米德螺线又称等速螺线。(　　)

23. 特形曲线划法有逐点划线法、圆弧划线法和分段作圆弧法。(　　)

24. 标准群钻磨出的月牙槽将主切削刃分成三段。(　　)

25. 用移动坐标法可以钻出孔距要求相当高的孔。(　　)

26. 箱体类零件的划线基准是以面为主。(　　)

27. 箱体划线时,为了减少翻转次数,垂直线可用高度尺一次划出。(　　)

28. 群钻是由麻花钻头经过刃磨改进出来的一种先进钻头。(　　)

29. 铸铁群钻的刀尖高度比标准群钻更大。(　　)

30. 钻削精孔是一种孔的精加工方法。(　　)

31. 用移动坐标法钻孔,应具有两个互相平行的加工面作为基准。(　　)

32. 划线钻孔,孔距误差一般在 0.3 mm 以上。(　　)

33. 标准群钻横刃磨短、磨尖、磨低后,内刃前角相应减小。(　　)

34. 标准群钻磨出的单边分屑槽,有利于断屑和排屑。(　　)

35. 标准群钻上磨有单边分屑槽。(　　)

36. 标准群钻上磨有一条月牙槽。(　　)

37. 用样板划线,不适合畸形零件的划线。(　　)

38. 畸形零件划线时,往往要借助某些辅助工具、夹具进行装夹、找正和划线。(　　)

39. 畸形零件划线前,不需要进行工艺分析。(　　)

40. 拉线和吊线法采用 2~2.5 mm 的钢丝做拉线。(　　)

41. 拉线和吊线法不适用特大型零件的划线。(　　)

42. 永久的不可恢复的变形,称为弹性变形。(　　)

43. 形位公差带有形状、大小、方向和位置四项特征。(　　)

44. 丝锥切削锥角的大小决定着切削量。(　　)

45. 锪钻可由麻花钻改制。(　　)

46. 铰刀后角一般为 6°~8°。(　　)

47. 麻花钻的横刃斜角,影响近钻心处的后角大小。(　　)

48. 麻花钻的后角愈小,切削就愈费力。(　　)

49. 钻夹头使用方便,具有自动定心等特点。(　　)

50. 钻削过程中,要有充足的冷却润滑液。(　　)

51. 钻削精密孔时,应采用手动进给。(　　)

52. 机械设备在运行过程中,由于冲击、振动或工作温度的变化,都会造成连接松动。(　　)

53. 机械设备在运行过程中,如发现传动系统有异常声音,主轴轴承和电动机温升超过规定时,要立即停车查明原因并立即处理。(　　)

54. 不准使用字迹不清和金属做的警告牌,警告牌必须挂在明显位置。(　　)

55. 只要保护措施得当,任何人都可以带电作业。(　　)

56. 高处作业时,应系好安全带,并严格检查脚手架的牢固程度,下面不准站人。(　　)

57. 立式钻床主轴套筒的外径变形超过公差范围,会使主轴在进给箱内上下移动时出现

时轻时重的现象。（　　）

58. 立式钻床主轴移动轴线与立柱导轨不平行会使钻孔轴线倾斜。（　　）

59. 立式钻床有渗漏油现象，可能是结合面不够平直或油管接头结合面配合不良。（　　）

60. 砂轮机新装砂轮片后可直接开机使用。（　　）

61. 使用的砂轮机必须要有安全防护装置。（　　）

62. 车床主要用于加工工件的平面、沟槽、角度、成型表面和切断。（　　）

63. 用于生产单件合格产品所需的劳动时间称为劳动生产率。（　　）

64. 工时定额中的基本时间包括刀具切入、切削加工和切出时间等。（　　）

65. 工时定额是由基本时间、辅助时间和测量时间组成的。（　　）

66. 液压传动能在较大范围内较方便地实现无级调速。（　　）

67. 油泵的吸油高度比水泵及水高度小得多的原因是油液比水更易于汽化形成汽蚀。（　　）

68. 目前液压系统压力不能选择使用太高压力，主要原因是密封技术达不到要求。（　　）

69. 油泵有空气被吸入会引起泵噪声大，工作机构爬行，压力波动较大，产生冲击等一系列故障。（　　）

70. 机械自然磨损是机件在正常的工作条件下，金属表面逐渐增长的磨损。（　　）

71. 运转的机器部件，如果材料质量好，加工安装精度高，润滑、使用得当，可以避免产生磨损。（　　）

72. 标准三角形螺纹的升角 $\lambda = 1.5° \sim 3.5°$，一般都具有自锁性，所以在任何情况下不会自动松脱。（　　）

73. 高速机床处处都应满足高精度的性能要求。（　　）

74. 高速旋转机构要求刚性好、润滑好，装配精度只要求一般即可。（　　）

75. 高速旋转机构的轴承外壳与孔间间隙过大，运转时将可能产生过大的附加力，引起振动，配合面严重磨损。（　　）

76. 铰孔是为了得到尺寸精度较高，粗糙度较小的孔的方法。铰孔时，要求手法有特殊要求，其中，手铰时，两手应用力均匀，按正反两个方向反复倒顺扳转。（　　）

77. $T36 \times 12/2 - 3$ 左一表示意义为：梯形螺纹，螺纹外径为 36 mm，导程为 12 mm，螺纹线数为双线，3 级精度，左旋螺纹。（　　）

78. 帕斯卡原理是：在密封容器中的静止液体，当一处受到压力作用时，这个压力将通过液体传到连通器的任意点上，而且其压力值处处不相等。（　　）

79. 工件残余应力引起的误差和变形都很小，不会对机器构成影响。（　　）

80. 钻削精密孔的关键是钻床精度高且转速及进给量合适，而与钻头无关。（　　）

81. 零件的机械加工质量包括加工精度和表面质量两个部分。（　　）

82. 加工精度的高低主要取决于机床的好坏。（　　）

83. 生产技术准备周期是从生产技术工作开始到结束为止经历的总时间。（　　）

84. 一般刀具材料的高温硬度越高，耐磨性越好，刀具寿命也越长。（　　）

85. 刀具刃磨后，刀面越平整，表面粗糙度越小，刀具寿命越长。（　　）

86. 刀具刃磨后，刀刃的直线度和完整程度越好，加工出的工件表面质量越好。（　　）

87. 加工精度的高与低是通过加工误差的大和小来表示的。（　　）

88. 在长期的生产过程中,机床、夹具、刀具逐渐磨损,则工艺系统的几何误差进一步扩大,因此工件表面精度也相应降低。( )

89. 测量误差主要是人的失误造成,和量具、环境无关。( )

90. 单件小批生产中应尽量多用专用夹具。( )

91. 单件小批生产由于数量少,因此对工人技术水平要求比大批量生产方式低。( )

92. 单件小批生产中应多用专用机床以提高效率。( )

93. 表面粗糙度代号应注在可见轮廓线、尺寸线、尺寸界线和它们的延长线上。( )

94. 机件上的每一尺寸一般只标注一次,并应标注在反映该结构最清晰的图形上。( )

95. 加工铸铁时,一般不用冷却润滑液,因铸铁内的石墨也起一定的润滑作用。( )

96. 被加工零件的精度等级越低,数字越小。( )

97. 被加工零件的精度等级数字越大,精度越低,公差也越大。( )

98. 零件的公差等同于偏差。( )

99. 加工零件的偏差是极限尺寸与公称尺寸之差。( )

100. 螺纹的作用是用于连接,没有传动作用。( )

101. $\phi 50^{-0.015}_{-0.20}$ 的最大极限尺寸是 $\phi 49.985$。( )

102. 上偏差的数值可以是正值,也可以是负值,或者为零。( )

103. 实际偏差若在极限偏差范围之内,则这个零件合格。( )

104. 实际偏差的数值一定为正值。( )

105. 基准孔的最小极限尺寸等于基本尺寸,故基准孔的上偏差为零。( )

106. 尺寸精度越高,粗糙度越低。( )

107. 精密量具也可以用来测量粗糙的毛坯。( )

108. 钻孔时,钻头是按照螺旋运动来钻孔的。( )

109. 钻孔时,材料的强度、硬度高,钻头直径大时,宜用较高的切削速度,进给量也要大些。( )

110. 当材料的强度、硬度低,或钻头直径小时,宜用较高的转速,走刀量也可适当增加。( )

111. 当钻头直径小于 5 mm 时,应选用很低的转速。( )

112. 扩孔时的切削速度一般为钻孔的,进给量为钻孔时的 1.5～2 倍。( )

113. 攻丝前的底孔直径应大于螺纹标准中规定的螺纹内径。( )

114. 套丝过程中,圆杆直径应比螺纹外径大一些。( )

115. 内螺纹圆锥销多用于盲孔。( )

116. 1 英尺等于 10 英寸。( )

117. 拆内大角螺钉时,使用套筒扳手。( )

118. 硬质合金刀具是经锻打而成形的。( )

119. 砂轮的硬度是与磨粒的硬度有关。( )

120. 当游标卡尺两量爪贴合时,尺身和游标的零线要对齐。( )

121. 游标卡尺尺身和游标上的刻线间距都是 1 mm。( )

122. 游标卡尺是一种常用量具,能测量各种不同精度要求的零件。( )

123. 0～25 mm 千分尺放置时要两测量面之间须保持一定间隙。( )

124. 千分尺活动套管转一周,测微螺杆就移动 1 mm。(   )

125. 塞尺是一种界限量规。(   )

126. 千分尺上的棘轮,其作用时限制测量力的大小。(   )

127. 水平仪用来测量平面对水平或垂直位置的误差。(   )

128. 台虎钳夹持工件时,可套上长管子扳紧手柄,以增加夹紧力。(   )

129. 在台虎钳上强力作业时,应尽量使作用力朝向固定钳身。(   )

130. 复杂零件的划线都是立体划线。(   )

131. 当毛坯件有误差时,都可通过划线的借料予以补救。(   )

132. 平面划线只需选择一个划线基准,立体划线则要选择两个划线基准。(   )

133. 划线平板平面是划线时的基准平面。(   )

134. 划线前在工件划线部位应涂上较厚的涂料,才能使划线清晰。(   )

135. 划线蓝油都是由适量的龙胆紫、虫胶漆和酒精配制而成。(   )

136. 零件都必须经过划线后才能加工。(   )

137. 划线应从基准开始。(   )

138. 划线的借料就是将工件的加工余量进行调整和适当分配。(   )

139. 钻头主切削刃上的后角在外缘处最大,愈近中心则愈小。(   )

140. 钻孔时加切削液的主要目的是提高孔的表面质量。(   )

141. 钻孔属于粗加工。(   )

142. 钻硬材料时,钻头的顶角(2ϕ),应比钻软材料选的大些。(   )

143. 钻头直径愈小,螺旋角愈大。(   )

144. 标准麻花钻的横刃斜角 $\Psi=50°\sim55°$。(   )

145. Z525 钻床的最大钻孔直径为 50 mm。(   )

146. 钻床的一级保养,以操作者为主,维修人员配合。(   )

147. 当孔将要钻穿时,必须减小进给量。(   )

148. 切削用量是切削速度、进给量和背吃刀量的总称。(   )

149. 钻削速度是指每分钟钻头的转速。(   )

150. 钻心就是指钻头直径。(   )

151. 钻头前角大小与螺旋角有关(横刃处除外),螺旋角愈大,前角愈大。(   )

152. 刃磨钻头的砂轮,其硬度为中软级。(   )

153. 柱形锪钻外圆上的切削刃为主切削刃,起主要切削作用。(   )

154. 柱形锪钻的螺旋角就是它的前角。(   )

155. 修磨钻头的横刃时,其长度磨得愈短愈好。(   )

156. 在钻头后面开分屑槽,可改变钻头后角的大小。(   )

157. 机铰结束后,应先停机再退刀。(   )

158. 铰刀的齿距在圆周上都是不均匀分布的。(   )

159. 螺旋形手铰刀适宜于铰削带有键槽的圆柱孔。(   )

160. 1:30 锥铰刀是用来铰削定位销孔的。(   )

161. 铰孔时,铰削余量愈小,铰后的表面愈光洁。(   )

162. 螺旋的基准线是螺旋线。(   )

163. 多线螺纹的螺距就是螺纹的导程。（　　）

164. 螺纹精度右螺纹公差带和旋合长度组成。（　　）

165. 螺旋旋合长度分为短旋合长度和长旋合长度两种。（　　）

166. 逆时针旋转时旋入的螺纹称为右螺纹。（　　）

167. 米制普通螺纹的牙型角为 $60°$。（　　）

168. M16×1 含义是细牙普通螺纹，大径为 16 mm，螺距为 1 mm。（　　）

169. 机攻螺纹时，丝锥的校准部分不能全部出头，否则退出时造成螺纹乱牙。（　　）

170. 攻螺纹前底孔直径必须大于螺纹标准中规定的螺纹小径。（　　）

171. 套螺纹时，圆杆顶端应倒角至 $15°\sim20°$。（　　）

172. 箱体工件划线时，如以中心十字线作为基准校正线，只要在第一次划线正确后，以后每次划线都可以用它，不必重划。（　　）

173. 为了减少箱体划线时的翻转次数，第一划线位置应选择待加工孔和面最多的一个位置。（　　）

174. 划线时要注意找正内壁的道理是为了加工后能顺利装配。（　　）

175. 划工件高度方向的所有线条，划线基准是水平线或水平中心线。（　　）

176. 经过划线确定加工时的最后尺寸，在加工过程中，应通过加工来保证尺寸的准确程度。（　　）

177. 有些工件，为了减少工件的翻转次数，其垂直线可利用角铁或直尺一次划出。（　　）

178. 立体划线一般要在长、宽、高三个方向上进行。（　　）

179. 立体划线时，工件的支持和安置方式不取决于工件的形状和大小。（　　）

180. 带有圆弧刃的标准群钻，在钻孔过程中，孔底切削出一道圆环肋与棱边能共同起稳定钻头方向的作用。（　　）

181. 标准群钻圆弧刃上各点的前角比磨出圆弧刃之前减小，楔角增大，强度提高。（　　）

182. 标准群钻在后面上磨有两边对称的分屑槽。（　　）

183. 标准群钻上的分屑槽能使宽的切屑变窄，从而使排屑流畅。（　　）

184. 钻黄铜的群钻减小外缘处的前角，是为了避免产生扎刀现象。（　　）

185. 钻薄板的群钻是利用钻心尖定中心，两主切屑刀的外刀尖切圆的原理，使薄板上钻出的孔达到圆整和光洁。（　　）

186. 钻精孔的钻头，其刃倾角为 $0°$。（　　）

187. 钻精孔时应选用润滑性较好的切屑液。因钻精孔时除了冷却外，更重要的是需要良好的润滑。（　　）

188. 钻小孔时，因钻头直径小，强度低，容易折断，故钻孔时的钻头转速要比钻一般的孔要低。（　　）

189. 钻小孔时，因为转速很高，实际加工时间又短，钻头在空气中冷却得很快，所以不能用切屑液。（　　）

190. 孔的中心轴线与孔的端面不垂直的孔，必须采用钻斜孔的方法进行钻孔。（　　）

191. 用深孔钻钻削深孔时，为了保证排屑顺畅，可使注入的切屑液具有一定的压力。（　　）

192. 用接长钻钻深孔时，可以一钻到底，同深孔钻一样不必中途退出排屑。（　　）

193. 对长径比较小的高速旋转体，只需进行静平衡。（　　）

194. 长径比较大的旋转体,只需进行静平衡,不必进行动平衡。(　　)

195. 螺纹联接为了防止在冲击、振动或工作温度变化时回松,故要采用防松装置。(　　)

196. 螺纹联接是一种可拆的固定装置。(　　)

197. 螺纹联接根据外径或内径配合性质不同,可分为普通配合、过渡配合和间隙配合三种。(　　)

198. 用杠杆百分表作绝对测量时,行程无需限制。(　　)

199. 群钻主切削刃分成几段的作用是利于分屑、断屑和排屑。(　　)

200. 广泛应用的三视图为主视图、俯视图和左视图。(　　)

201. 三种基本剖视图是全剖视图、半剖视图和局部剖视图,其他称剖切方法。(　　)

202. 机械制图图样上所用的单位是 cm。(　　)

203. 45 号钢含碳量比 65 号钢高。(　　)

204. 45 号钢是普通碳素钢。(　　)

205. 一般来讲,钢的含碳量越高,淬火后越硬。(　　)

206. 铰刀的种类很多,按使用方法可分为手用铰刀和机用铰刀两大类。(　　)

207. 夹具分为通用夹具、专用夹具、组合夹具等。(　　)

208. 丝锥、扳手、麻花钻多用硬质合金制成。(　　)

209. 划线的作用之一是确定工件的加工余量,使机械加工有明显的加工界限和尺寸界限。(　　)

210. 找正就是利用划线工具,使工件上有关部位处于合适的位置。(　　)

211. 划线时涂料只有涂得较厚,才能保证线条清晰。(　　)

212. 钻头顶角越大,轴向所受的切削力越大。(　　)

213. 麻花钻主切削刃上各点后角不相等,其外缘处后角最小。(　　)

214. 用麻花钻钻较硬材料,钻头的顶角应比钻软材料时磨的小些。(　　)

215. 将要钻穿孔时应减小钻头的进给量,否则易折断钻头或卡住钻头等。(　　)

216. 钻孔时加切削液的目的是以润滑为主。(　　)

217. 扩孔钻的刀齿较多,钻心粗,刚度好,因此切削量可大些。(　　)

218. 手铰过程中要避免刀刃常在同一位置停歇,否则易使孔壁产生振痕。(　　)

219. 铰铸铁孔加煤油润滑,铰出的孔径略有缩小。(　　)

220. 铰孔选择铰刀只需孔径的基本尺寸和铰刀的公称尺寸一致即可。(　　)

221. 刮花的目的是为了美观。(　　)

222. 手攻螺纹时,每扳转纹杠一圈就应倒转 1/2 圈,不但能断屑,且可减少切削刃因粘屑而使丝锥轧住的现象发生。(　　)

223. 机攻螺纹时,丝锥的校准部位应全部出头后再反转退出,这样可保证螺牙型的正确性。(　　)

224. 电钻可分为 J、Z 系列单相串励式和 J3I 系列三相三频式。(　　)

225. 润滑油的牌号数值越大,黏度越高。(　　)

226. 点的投影永远是点,线的投影永远是线。(　　)

227. 将标准公差与基本偏差相互搭配,就可以得到每一基本尺寸的很多不同公差带。(　　)

228. 样板划线可以简化划线程序,提高划线效率。(　　)

229. 麻花钻采用硬质合金制成。(　　)

230. 工件划线后经车、铣、刨、镗等机床加工,其尺寸都须经量具测量,因此划线时误差大些无紧要。(　　)

231. 机械制图常采用斜投影法。(　　)

232. 俯视图反映了物体的长度和宽度。(　　)

233. 我们把常用件的整体结构和尺寸已标准化的零件称为标准件。(　　)

234. 测量工件时,游标卡尺可以歪斜。(　　)

235. 在游标卡尺上读数时,要尽量避免视线误差。(　　)

236. 金属的硬度分为布氏硬度(HB)和洛氏硬度(HRC)。(　　)

237. 钢号"30"表示钢中平均含碳量为 0.30%。(　　)

238. 把钢快速加热,使其表面迅速达到淬火温度,不等到热量传到心部就立即冷却的热处理方法,称为钢的表面淬火。(　　)

239. 钳工常用的台式钻床变速时不必停车。(　　)

240. 划线时,单脚规的两脚尖不用保持在同一平面上。(　　)

241. 钳工在工作中,经常使用的钻孔工具是中心钻。(　　)

242. 钻孔时,一般都要注入一定量的合适品种的切削液,以提高钻头使用寿命和零件加工质量。(　　)

243. 钻孔时,为了安全,必须扎紧衣袖,戴好工作帽和手套进行操作。(　　)

244. 扩孔钻切削比麻花钻切削性能大大改善。(　　)

245. 攻螺纹与套螺纹时,速度越快越好。(　　)

246. 划线是零件加工过程中的一个重要工序,因此能根据划线确定零件加工后的尺寸。(　　)

247. 大型工件划线时,应选定划线面积较大的位置为第一划线位置,这是因为在校正工件时,较大面比较小面准确度高。(　　)

248. 大型工件划线时,如选定工件上的主要中心线,平行于平台工作面的加工线作为第一划线位置,可提高划线质量和简化划线过程。(　　)

249. 畸形工件划线时,当工件重心位置落在支承面的边缘部位时,必须加上响应辅助支承。(　　)

250. 畸形工件由于形状奇特,可以不必按基准进行划线。(　　)

251. 划线时,一般应选择设计基准为划线基准。(　　)

252. 当第一划线位置确定后,若有安置基面可选择时,应选择工件重心低的一面作为安置基面。(　　)

253. 对于特大型工件,可用拉线和吊线法来划线,它只需经过一次吊装、找正,就能完成工件三个基面的划线工作,避免了多次反转工件的困难。(　　)

254. 特殊工件划线时,合理选择划线基准、安放基准和找正面是做好划线工作的关键。(　　)

255. 经过划线确定了工件的尺寸界限,在加工过程中,应通过加工保证工件尺寸的准确性。(　　)

256. 划线时,千斤顶主要用来支撑半成品工件或形状规则的工件。(　　)

257. 划线平板是划线工作的基准面,划线时可把需要划线的工件直接安放在划线平板上。(　　)

258. 铰削有键槽的孔时,须选用螺旋槽铰刀。(　　)

259. 目前最硬的刀具材料是陶瓷材料。(　　)

260. 手用铰刀的倒锥量大于机用铰刀的倒锥量。(　　)

261. 铰铸铁孔时加煤油润滑,因煤油的渗透性强,会产生铰孔后孔径缩小。(　　)

262. 在钻削中,切削速度 v 和进给量 f 对钻头耐用度的影响是相同的。(　　)

263. 电气原理图中的电路分为主回路和控制回路。(　　)

264. 可转位浅孔钻,适合在车床上加工中等直径的浅孔,也能用钻孔、镗孔和车端面。(　　)

265. 用扩控钻加工表面粗糙度可达 $Ra6.3\sim3.2\ \mu m$。(　　)

266. 机床主轴的深孔加工应在粗车外圆之后进行。(　　)

267. 提高切削速度是提高刀具使用寿命的最有效途径。(　　)

268. 麻花钻在切削时的辅助平面:基面、切削平面和主截面是一组空间坐标平面。(　　)

269. 锥铰刀的锥度有 1∶50、1∶30、1∶10 和莫氏锥度,其中 1∶50 锥度比莫氏锥度大。(　　)

270. 用硬质合金铰刀、无刃铰刀或铰削硬材料时,挤压比较严重,铰孔后由于塑性变形而使孔径增大。(　　)

271. 在主轴的光整加工中,只有镜面磨削可以部分的纠正主轴的形状误差和位置误差。(　　)

272. 在大批量生产中,工时定额可按经验估定。(　　)

273. 热处理工艺主要用来改善材料的力学性能和消除内应力。(　　)

274. 质量、生产率和经济性构成了工艺过程的三要素,存在相互联系相互制约的辩证关系。(　　)

275. 选择零件表面加工方法的要求是:在保证质量的要求下,还要满足生产率和经济性等方面的要求。(　　)

276. 改善零件、部件的结构工艺性,可便于加工和装配,从而提高劳动生产率。(　　)

277. 工艺尺寸链中的组成环是指那些在加工过程中直接获得的基本尺寸。(　　)

278. 工艺尺寸链中封闭环的确定是随着零件加工方案的变化而改变。(　　)

279. 零件的机械加工质量包括加工精度和表面质量。(　　)

280. 尺寸链封闭环的基本尺寸,是由其他组成环的基本尺寸的代数差。(　　)

281. 部件装配是从基准件开始的。(　　)

282. 工艺过程卡片是按产品或零部件的某一个工艺阶段编制的工艺文件。(　　)

283. 一般说来工艺系统原始误差所引起的刀刃与工件间的相对位移若产生在误差敏感方向则可以忽略不计。(　　)

284. 单刃刀具的误差对零件加工精度无直接影响。(　　)

285. 切削加工时,由于传给刀具的热量比例很小,所以刀具的热变形可忽略不计。(　　)

286. 从机器的使用性能来看,有必要把零件做得绝对准确。（   ）

287. 原始误差等于工艺系统的几何误差。（   ）

288. 一般的切削加工,由于切削热大部分被切屑带走,因此工件表面层的金相组织变化可以忽略不计。（   ）

289. 一般机床夹具必须有夹具体、定位元件、夹紧装置三部分组成。（   ）

290. 一物体在空间不加任何约束限制的话,有6个自由度。（   ）

291. 用6个分布适当的支撑点来限制工件的6个自由度简称6点定位。（   ）

292. 工件定位的实质是确定工件上定位基准的位置。（   ）

293. 工件在夹具中定位时,限制自由度超过6点叫欠定位。（   ）

294. 采用不完全定位的方法可以简化夹具。（   ）

295. 在夹具中用一个平面对工件的平面进行定位时,它可限制工件的3个自由度。（   ）

296. 在夹具中,用较短的在夹具中V型块对工件的外圆柱面定位时,它可限制工件的2个自由度。（   ）

297. 具有独立的定位作用,能限制工件的自由度的支撑,称为辅助支撑。（   ）

298. 工件在夹具中定位后,在加工过程中始终保持准确位置,应由定位元件来实现。（   ）

299. 零件加工时应限制的自由度取决于加工要求,定位支撑点的布置取决于零件形状。（   ）

300. 采用不完全定位时,因限制自由度少于6个,而使工件的加工精度受影响。（   ）

五、问 答 题

1. 简述液压控制阀的分类及作用。
2. 简述时间定额的含义及其作用。
3. 零件失效形式常有哪几种?
4. 铰孔时,铰出的孔呈多角形的原因有哪些?
5. 什么叫摩擦和磨损? 对机器有何危害?
6. 零件图上的技术要求包括哪些内容?
7. 简述切削液的种类及作用。
8. 刀具磨损的主要原因是什么?
9. 刀具磨损的形式有几种?
10. 什么叫加工精度?
11. 简述机床夹具的作用。
12. 机床在工作时发生振动有何危害?
13. 技术管理的作用是什么?
14. 什么是机械加工工艺过程?
15. 什么是机械加工工艺规程?
16. 零件工作图包括哪些内容?
17. 常用的长度单位有哪些?

18. 简述厚薄规的用途。

19. 什么是金属材料的机械性能？

20. 金属材料有哪些基本性能？

21. 什么是强度？

22. 什么是塑性？

23. 什么是弹性变形？

24. 什么是金属材料的工艺性能？

25. 铸铁有哪些种类？

26. 金属材料退火后有什么变化？

27. 什么是基本尺寸、实际尺寸和极限尺寸？

28. 已知在 Rt$\triangle ABC$ 中，$\angle A=30°$，$a=10$，求三角形边长 b 和 c。

29. 在中碳钢和铸铁工件上，分别攻制 M10 的螺纹，求钻头直径。

30. 钻头直径为 10 mm，求以 960 r/min 的转速钻孔时的切削速度是多少？

31. 在钻床上钻 ϕ10 mm 的孔，选择转速 n 为 500 r/min，求钻削时切削速度。

32. 用直径为 16 mm 的钻头钻孔时，查表得 $v=17.5$ m/min，计算钻床主轴转速 n 为多少？

33. 使用砂轮机时应注意哪些事项？

34. 简述划线的作用。

35. 什么叫划线基准？

36. 什么叫划线借料？

37. 划线后为什么要打上样冲眼？冲眼要注意哪些要点？

38. 麻花钻刃磨有哪些要求？

39. 简述修磨横刃的作用及要求。

40. 利用钻夹具夹持工件钻孔有何优点？

41. 选择铰削余量应考虑哪些方面？

42. 简述下列螺纹代号含义：

(1)Tr40×14(p7)LH　　　(2)M24×1.5

43. 丝锥切削部分前端为何要磨出锥角？

44. 攻螺纹底孔直径为什么要大于螺纹小径？

45. 扩孔时切削用量与钻孔时有什么区别？

46. 什么叫切削运动？切削运动分哪两类？

47. 刀具切削部分的材料应具备哪些基本要求？

48. 选择切削用量的目的是什么？

49. 钻孔时，钻头折断的原因有哪些？

50. 标准麻花钻的后角对切削性能有何影响？怎样选择后角的大小？修磨时又怎样判断其大小？

51. 铰削余量为什么不能太大和太小？怎样确定？

52. 铰削时为什么要注入切削液？说明铰削钢、铝、铜时应选用什么样的切削液？

53. 钻孔时选择切削用量的基本原则是什么？

54. 为了减少箱体划线时的翻转次数，怎样选择第一划线位置？

55. 什么叫可展表面？什么叫不可展表面？

56. 钻直径 $\phi 3$ mm 以下的小孔时，必须掌握哪些要求？

57. 为什么不能用一般的方法钻斜孔？钻斜孔可以采用哪些方法？

58. 箱体类工件划线基准的确定应注意哪些问题？

59. 钻床夹具有什么作用？

60. 内径百分表使用时，应注意哪些问题？

61. 简述读数精度为 0.02 mm 的游标卡尺的刻度原理。

62. 热处理的目的是什么？热处理有哪些种类？常见热处理方法有哪些？

63. 何谓直接测量和间接测量？

64. 如何正确使用量具和量仪？

65. 怎样在斜面上钻孔？

66. 铰孔时铰刀为什么不能反转？

67. 简述套螺纹操作的注意事项。

68. 应如何操作立钻加工工件？

69. 取出折断在螺孔内的丝锥有哪些方法？

70. 公差与配合中规定有哪几类配合？其配合公差带有什么特点？

71. 简述划线的步骤。

72. 常见的划线基准有哪些类型？为什么划线基准应尽量与设计基准一致？

73. 钻孔时选择切削用量的基本原则是什么？

74. 试述钻孔时常见的废品形式。

75. 试述钻孔时孔径大于规定尺寸产生的原因。

76. 试述钻孔时孔壁表面粗糙产生的原因。

77. 铰孔时应注意哪些问题？

78. 简述电钻的使用注意事项。

79. 钻孔时，润滑剂的作用是什么？

80. 什么叫基孔制？

81. 选用量具的原则是什么？

82. 手攻螺孔时如何保证螺孔不歪斜？

83. 在某钻床上钻 $\phi 10$ mm 的孔，转速 500 r/min，问切削速度是多少？

84. 钻孔操作注意事项有哪些？

85. 标准麻花钻有哪些缺点？钻削时分别能产生哪些不良影响？

86. 针对麻花钻的缺点，可采取哪些修磨措施？

87. 修磨横刃有何作用？修磨后的横刃长度应为多少？

88. 钻头刃磨要掌握哪些要点？

89. 选择钻削用量的基本原则是什么？

90. 钻孔和铰孔时，使用切削液的目的有何区别？

91. 什么叫扩孔？扩孔可达到哪些精度？

92. 什么叫锪孔？锪孔的工作要点有哪些？

93. 铰刀有几种？试述可调节铰刀的结构。

94. 手铰刀的齿距为什么不等？

95. 如何确定铰削余量？余量太大或太小将造成哪些影响？

96. 试述快换钻夹头的工作原理。使用快换钻夹头有哪些便利？

97. 螺旋形手铰刀为什么适宜铰削带键槽的孔？

98. 钻床夹具夹紧的动力源有哪几种？

99. 普通麻花钻头的主要缺点有哪些？

100. 标准群钻圆弧刃的作用有哪些？

六、综 合 题

1. 根据图1三视图画挡块正等测轴测图。

2. 根据图2三视图画凸块斜二测轴测图。

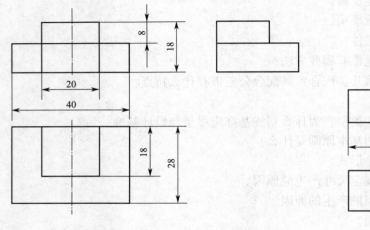

图 1（单位:mm）

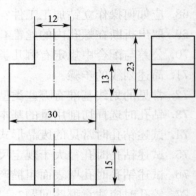

图 2（单位:mm）

3. 根据图3三视图画套筒斜二测轴测图。

4. 图4为一减速箱剖视图的局部,现完成下列内容:(1)用简化画法补画图中轴承对称一侧的图形。(2)端盖螺栓4只均布,用简化画法补画图中对称一侧的端盖螺栓。

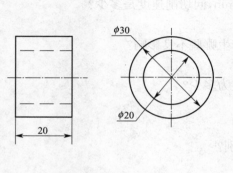

图 3（单位:mm）

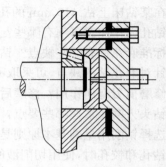

图 4

5. 图5为一减速箱剖视图的局部,现完成下列内容:(1)在零件剖切面上补画剖面线。

(2)标注与轴承相配合的零件尺寸 $\phi 80K7$、$\phi 35k6$。

6. 图 6 为一减速箱剖视图的局部,现完成下列内容:改正画法错误。

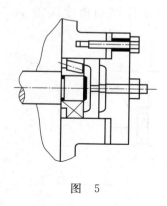
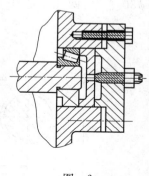

图　5　　　　　　　　　　　　　　　图　6

7. 盘形工件加工要求如图 7 所示,在 V 型块上安装形式如图 8 所示,计算定位误差 f。

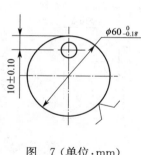
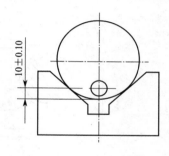

图　7（单位:mm）　　　　　　　　　图　8（单位:mm）

8. 盘形工件加工要求如图 9 所示,在 V 型块上安装形式如图 10 所示,计算定位误差 f。

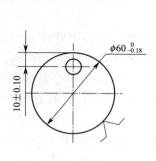
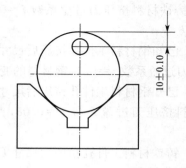

图　9（单位:mm）　　　　　　　　　图　10（单位:mm）

9. 一面两销定位如图 11 所示,已知圆柱销 d_1 直径尺寸为 $\phi 40^{-0.010}_{-0.032}$,工件定位孔 D_1 直径径尺寸为 $\phi 40^{+0.05}_{0}$,削边销圆柱部分直径 d_2 尺寸为 $\phi 30^{-0.040}_{-0.061}$,工件削边销定位孔 D_2 直径为 $\phi 30^{+0.045}_{0}$,两孔中心距 L 为 80 ± 0.04,计算定位摆动角度误差 α。（长度单位:mm）

10. 一面两销定位如图 12 所示,已知圆柱销 d_1 直径尺寸为 $\phi40^{-0.010}_{-0.032}$,工件定位孔 D_1 直径尺寸为 $\phi40^{+0.05}_0$,削边销圆柱部分直径 d_2 尺寸为 $\phi30^{-0.040}_{-0.061}$,工件削边销定位孔 D_2 直径为 $\phi30^{+0.04}_0$,两孔中心距 L 为 100 ± 0.04,计算定位摆动角度误差 α。(长度单位:mm)

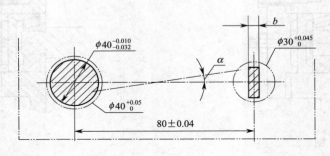

图 11(单位:mm)

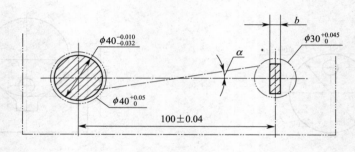

图 12(单位:mm)

11. 论述钻微孔时高转速、低进给量的作用。

12. 已知铸铁材料工件孔挤压后尺寸 $D_2=16$ mm,铸铁材料挤压刀棱带宽度 $b=0.001$,铸铁材料挤压刀过盈系数 $i=0.08$,铸铁材料的变形系数 $m=0.6$,计算材料的塑性变形量 k_2。

13. 已知钢材料工件孔挤压后尺寸 $D_2=16$ mm,钢材料挤压刀棱带宽度 $b=0.015$,钢材料挤压刀过盈系数 $i=0.1$,钢材料的变形系数 $m=0.9$,计算材料的塑性变形量 k_2。

14. 已知钢材料工件孔挤压后尺寸 $D_2=16$ mm,青铜材料挤压刀棱带宽度 $b=0.000\ 8$,青铜材料挤压刀过盈系数 $i=0.08$,青铜材料的变形系数 $m=0.85$,计算材料的塑性变形量 k_2。

15. 铸铁材料工件孔挤压后尺寸 $D_2=16.05$ mm,材料的塑性变形量 $k_2=0.047$ mm,计算挤压前孔径 D_1。

16. 钢材料工件孔挤压后尺寸 $D_2=16.05$ mm,钢材料的塑性变形量 $k_2=0.075$ mm,计算挤压前孔径 D_1。

17. 已知青铜材料工件孔挤压后尺寸 $D_2=16$ mm,青铜材料的塑性变形量 $k_2=0.067\ 2$ mm,计算挤压前孔径 D_1。

18. 论述钻床孔切割板料时内外切刀安装伸出长度对孔切割的影响。

19. 钻床切割 $\phi100$ mm 孔,切刀外侧负后角 $\alpha'_0=4°$,计算切割刀具外侧切刀低于钻床回转中心 4 mm 时切刀外侧工作负后角 α'_{0e}。

20. 钻床切割 $\phi100$ mm 孔,切刀外侧负后角 $\alpha'_0=4°$,计算切割刀具外侧切刀高于钻床回转中心 4 mm 时切刀外侧工作负后角 α'_{0e}。

21. 钻床切割 $\phi100$ mm 孔,切刀外侧负后角 $\alpha'_0=4°$,计算切割刀具外侧切刀高于钻床回转中心 2 mm 时切刀外侧工作负后角 α'_{0e}。

22. 用划线法加工如图 13 所示孔系,计算 C 孔 x 轴的坐标尺寸。

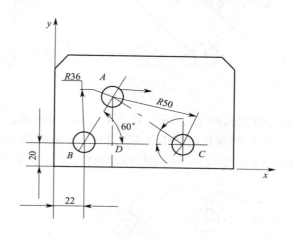

图　13（单位:mm）

23. 在分度头上用直接分度法对套筒零件分度钻孔,钻孔个数 $Z=12$,计算钻每个孔分度头的回转角度 α。

24. 在分度头上用简单分度法对套筒零件分度钻孔,钻孔个数 $Z=14$,计算钻每个孔分度头手柄的回转圈数 n。

25. 在分度头上用角度分度法对套筒零件分度钻 2 孔,2 孔轴线夹角 $7°21'30''$ 计算钻孔分度头手柄的回转圈数 n。

26. 计算平行孔系孔轴线对基面的平行度:检测插在箱体平行孔内芯轴长度为 120 mm 上的两点到平板的高度,A 点表读数 $M_1=80.06$,B 点表读数 $M_2=80.02$,计算孔轴线与基面的平行度 f。

27. 计算平行孔系孔轴线对基面的平行度:检测插在箱体平行孔内芯轴长度为 120 mm 上的两点到平板的高度,A 点表读数 $M_1=82.03$,B 点表读数 $M_2=82.005$,计算孔轴线与基面的平行度 f。

28. 计算平行孔系孔轴线间的平行度:二孔均插有无间隙芯轴,其中一孔的芯轴放置在等高 V 型块上。检测上平行孔内芯轴长度为 120 mm 上的两点到平板的高度,A 点表读数 $M_1=60.03$,B 点表读数 $M_2=60.05$,计算孔轴线间的平行度 f。

29. 钻模板角度和测量方法如图 14 所示。现将 $L=120$ mm 的正弦规抬高一个角度 α,求:(1)应抬起的角度 α。(2)所垫块规高度 H。(3)当在钻套孔内插入芯轴,百分表在芯轴根部对零,移到 20 mm 处表值差 0.05 mm 时,钻模钻套角度误差 Δ_α 是否合格?

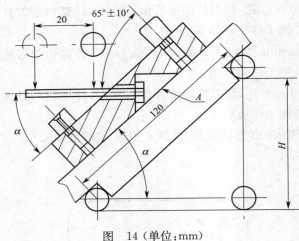

图　14（单位：mm）

30. 钻模板角度和测量方法如图 15 所示。现将 $L=120$ mm 的正弦规抬高一个角度 α，求：(1)应抬起的角度 α。(2)所垫块规高度 H。(3)当在钻套孔内插入芯轴，百分表在芯轴根部对零，移到 20 mm 处表值差 0.08 mm 时，钻模钻套角度误差 Δ_{α} 是否合格？

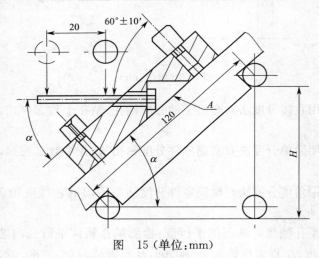

图　15（单位：mm）

31. 用中心距 L 为 500 mm 的标准正弦规测量锥角 $2\alpha=20°$ 的锥体零件如图 16 所示，计算块规高度 H。

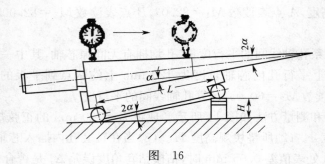

图　16

32. 用中心距为 $L=500$ mm 的带顶尖座的正弦规测量锥角 $\alpha=20°$ 的锥体零件如图 17 所示,计算块规高度 H。

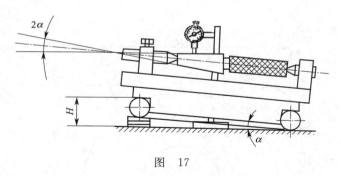

图　17

33. 如图 18 所示两径向孔,已知直径 $d_1=8$ mm,$d_2=7.89$ mm,圆柱体实际直径尺寸 $D=39.8$ mm,二测量用圆柱直径 $d=10$ mm,千分尺量值 $M=52.46$ mm,求二孔轴线夹角 α。

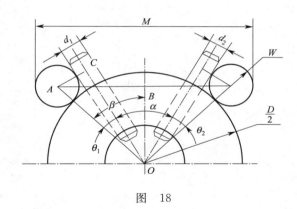

图　18

34. 如图 19 所示钻模,要用圆柱检测尺寸 $h=(10.25\pm0.05)$mm 是否合格。测量方法如图 20 所示,现测得 $x=21.3$ mm,采用的圆柱直径 $d=6$ mm,计算测得的 x 量值是否合格。

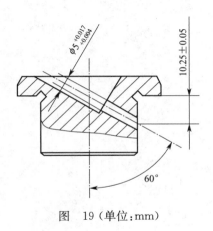

图　19（单位:mm）

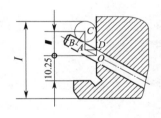

图　20（单位:mm）

35. 如图 21 所示两径向孔,已知直径 $d_1=8$ mm,$d_2=7.89$ mm,圆柱体实际直径尺寸 $D=39.8$ mm,二测量用圆柱直径 $d=10$ mm,千分尺量值 $M=49.46$ mm,求二孔轴线夹角 α。

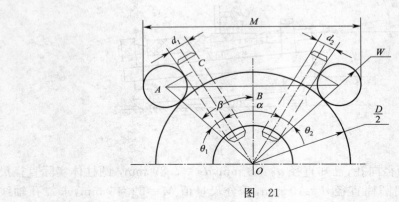

图 21

钻床工(高级工)答案

一、填 空 题

1. 铰孔
2. 攻丝
3. 套丝
4. 螺距
5. 30 mm
6. 10 mm
7. 振动
8. 润滑油
9. 戴手套
10. 运动黏度
11. 下降
12. 较大
13. 无润滑
14. 大小,方向,作用点
15. 匀速直线运动
16. 作业时间
17. 高
18. 标高及安装水平
19. 使用寿命
20. 钨钴钛类
21. 拉线与吊线
22. 加工误差
23. 加接长杆
24. 工序
25. 随机
26. 机外
27. 地基
28. 垂线的垂足
29. 热效应磨损
30. 半剖视
31. 立体划线
32. 进刀运动
33. 柄部、颈部、工作部分
34. 牙形、外径、螺距、头数、精度
35. 大径(D)尺寸、小径(d)尺寸、螺距(t)、导程(S)
36. 极限尺寸
37. 球墨铸铁
38. 淬火、正火、退火和回火
39. 防锈作用
40. 基准
41. 减小
42. 粗牙,细牙
43. 锥形分配,柱形分配
44. 0.02
45. 借料
46. 磨床
47. 加工精度
48. 流量、扬程、功率
49. 理论流量和实际流量
50. 只能向一个方向流动
51. 普通钢、优质钢和高级优质钢
52. 交叉线条
53. 执行元件
54. 进给运动
55. 高速钢
56. 横刃
57. 导向和排屑
58. 进给量
59. 钻削速度
60. 垂直
61. 夹板夹持
62. 减小
63. 3%～5%
64. 中软级
65. 半精加工
66. 尺寸精度
67. $Ra1.6\ \mu m$
68. 直径方向
69. 手动铰孔,机动铰孔
70. h7、h8、h9
71. 形面加工
72. 端面锪钻
73. 攻螺纹
74. 切削部分,校准部分
75. 高速钢
76. H1、H2、H3
77. 碳素工具钢
78. 丁字铰杠
79. 箱体内部
80. 两端
81. 头锥、二锥
82. 合金工具钢
83. 15°～20°
84. 植物油
85. 80 mm
86. 13 mm
87. 钻头
88. 中心线
89. 30～35 mm
90. 15 mm
91. 500 h
92. IT10～IT11
93. 3
94. 冷却
95. 阿拉伯数字
96. 10 mm
97. 切削液
98. 中径
99. 碳素合金和各种合金结构
100. 3 mm
101. 接长钻头
102. 回转式
103. 排屑
104. 4 圈
105. 导柱与切削表面

106. 控制回路	107. 专用量具	108. 极数	109. 0.01
110. 2′和5′	111. 无毒无害	112. 硬质合金	113. 强度、硬度、塑性
114. 管理活动	115. 法律效力	116. 灰口	117. 45♯
118. 24	119. 碳素合金	120. 设备	121. 工艺规程
122. 12.5～3.2	123. 方便快捷,位置准确		124. 热继电器
125. 断屑	126. 劳保	127. 锥形	128. 断屑槽
129. 划线平板	130. 高度游标卡尺	131. 麻花钻、扁钻	132. 孔壁表面粗糙
133. 手动和机动	134. 米制螺纹和英制螺纹		135. 丝锥崩刃
136. 刀具	137. 150	138. 变速	139. 13
140. 标准	141. 0.02	142. 孔距	143. 0°～320°
144. 0.01	145. 间隙大小	146. 不合格的毛坯	147. 样板划线法
148. 立体划线	149. 精密	150. 设计基准	151. 基准面
152. 弦长	153. 等分或分度	154. 分度盘	155. 复检
156. T13、T12	157. 锉身和锉柄	158. 整形	
159. 齿型的粗细和尺寸		160. 水平	161. 稍快
162. 平面锉、交叉锉和推锉		163. 半圆	164. 主
165. 工作部分	166. 大	167. 切削速度	168. 同轴度
169. 整体式	170. 直径	171. 标准系列	172. 90°
173. 细牙	174. 调整	175. 攻螺纹	176. 工作部分
177. 大于	178. 45°～75°	179. 找正	180. 套丝
181. Ra	182. 切削刃和前角	183. 孔直径 16 mm,钻头材质为 W18	
184. 钻头横刃切线	185. 长度相等	186. 切削速度	187. 铸铁
188. 煤油	189. 硫化油	190. 锪窝	

二、单项选择题

1. C	2. A	3. A	4. B	5. C	6. D	7. D	8. A	9. A
10. B	11. C	12. A	13. C	14. A	15. A	16. D	17. D	18. C
19. A	20. A	21. C	22. A	23. A	24. A	25. C	26. B	27. B
28. D	29. C	30. C	31. D	32. A	33. C	34. B	35. C	36. D
37. C	38. A	39. A	40. C	41. A	42. B	43. C	44. B	45. D
46. C	47. B	48. C	49. B	50. A	51. D	52. B	53. D	54. A
55. C	56. C	57. C	58. B	59. D	60. B	61. C	62. B	63. A
64. A	65. D	66. B	67. B	68. A	69. C	70. C	71. B	72. A
73. C	74. A	75. C	76. B	77. A	78. B	79. C	80. B	81. A
82. C	83. B	84. B	85. A	86. A	87. C	88. B	89. B	90. A
91. B	92. A	93. A	94. B	95. D	96. C	97. B	98. C	99. A
100. B	101. C	102. A	103. B	104. B	105. A	106. A	107. C	108. A
109. C	110. A	111. C	112. C	113. B	114. B	115. A	116. B	117. D
118. B	119. B	120. C	121. C	122. B	123. A	124. C	125. A	126. C

127. B   128. C   129. B   130. C   131. C   132. B   133. A   134. C   135. B
136. A   137. B   138. C   139. A   140. B   141. B   142. C   143. D   144. C
145. C   146. A   147. A   148. A   149. B   150. A   151. C   152. C   153. C
154. B   155. C   156. B   157. B   158. A   159. C   160. B   161. A   162. A
163. B   164. A   165. A   166. A   167. C   168. C   169. B   170. D   171. B
172. B   173. A   174. B   175. B   176. A   177. D   178. B   179. C   180. C
181. B   182. B   183. C   184. C   185. B   186. A   187. A   188. B   189. A
190. B   191. B   192. A   193. B   194. A   195. A   196. C   197. A   198. B
199. A   200. C   201. A   202. C   203. A   204. C   205. A   206. B   207. B
208. B   209. B   210. B   211. C   212. B   213. C   214. C   215. A   216. B
217. C   218. B   219. A   220. D   221. D   222. A   223. B   224. B   225. A
226. A   227. B   228. B   229. A   230. D   231. C   232. A   233. A   234. C
235. B   236. D   237. A   238. C   239. D   240. B   241. D   242. D   243. B
244. D   245. B   246. B   247. B   248. A   249. D   250. A   251. D   252. A
253. A   254. C   255. D   256. D   257. B   258. A   259. C   260. A   261. C
262. A   263. D   264. A   265. D   266. C   267. C   268. A   269. C   270. C
271. A   272. A   273. D   274. C   275. C   276. D   277. C   278. B   279. B
280. A   281. A   282. D   283. C   284. D   285. A   286. B   287. D   288. A
289. C   290. D   291. A   292. C   293. A   294. D   295. B   296. B   297. C
298. D   299. A

三、多项选择题

1. BD   2. BC   3. BD   4. CD   5. ABCD   6. BD   7. AD
8. AD   9. AB   10. AD   11. BC   12. AC   13. ABCD   14. ABCD
15. ACB   16. A   17. BCD   18. ABC   19. AC   20. AD   21. AC
22. BD   23. AC   24. ABCD   25. ABCD   26. ABD   27. BC   28. ABC
29. AD   30ABC   31. BCD   32. ACD   33. BC   34. BC   35. AC
36. BD   37. ABC   38. ACD   39. ABCD   40. ABC   41. ABC   42. ABCD
43. ABC   44. ABCD   45. ABC   46. ABC   47. ABD   48. ABCD   49. AC
50. ABCD   51. AB   52. BCD   53. AC   54. ABCD   55. ACD   56. ABC
57. ABCD   58. ABC   59. AB   60. ABD   61. BCD   62. AC   63. ACD
64. ABCD   65. BCD

四、判 断 题

1. √   2. √   3. ×   4. √   5. ×   6. √   7. √   8. √   9. ×
10. √   11. √   12. ×   13. √   14. √   15. ×   16. √   17. ×   18. √
19. √   20. ×   21. √   22. √   23. √   24. √   25. √   26. √   27. ×
28. √   29. ×   30. √   31. ×   32. ×   33. ×   34. √   35. √   36. ×
37. ×   38. √   39. ×   40. ×   41. ×   42. ×   43. √   44. √   45. √

46. √　47. √　48. ×　49. √　50. √　51. ×　52. √　53. √　54. √
55. ×　56. √　57. √　58. √　59. √　60. ×　61. √　62. √　63. √
64. √　65. ×　66. √　67. √　68. √　69. √　70. √　71. ×　72. ×
73. ×　74. √　75. √　76. ×　77. √　78. √　79. ×　80. √　81. ×
82. ×　83. ×　84. √　85. √　86. √　87. √　88. ×　89. √　90. √
91. ×　92. √　93. √　94. √　95. √　96. √　97. √　98. ×　99. √
100. ×　101. √　102. √　103. √　104. √　105. √　106. √　107. √　108. √
109. ×　110. √　111. √　112. √　113. √　114. √　115. √　116. ×　117. √
118. ×　119. √　120. √　121. ×　122. √　123. √　124. √　125. √　126. √
127. √　128. ×　129. √　130. √　131. √　132. √　133. √　134. √　135. √
136. ×　137. √　138. √　139. √　140. √　141. √　142. √　143. √　144. √
145. ×　146. √　147. √　148. √　149. ×　150. √　151. √　152. √　153. √
154. √　155. ×　156. √　157. √　158. ×　159. √　160. ×　161. ×　162. √
163. ×　164. √　165. √　166. ×　167. √　168. √　169. √　170. √　171. √
172. ×　173. √　174. √　175. √　176. ×　177. √　178. √　179. ×　180. √
181. √　182. √　183. √　184. √　185. √　186. √　187. √　188. √　189. √
190. √　191. √　192. √　193. √　194. √　195. √　196. √　197. ×　198. √
199. √　200. √　201. √　202. ×　203. √　204. √　205. √　206. √　207. √
208. ×　209. ×　210. √　211. √　212. ×　213. √　214. √　215. √　216. ×
217. √　218. √　219. √　220. ×　221. ×　222. √　223. √　224. √　225. √
226. ×　227. √　228. √　229. ×　230. √　231. √　232. √　233. √　234. √
235. √　236. √　237. √　238. √　239. ×　240. √　241. ×　242. √　243. √
244. ×　245. ×　246. ×　247. √　248. √　249. √　250. ×　251. √　252. √
253. √　254. √　255. √　256. √　257. √　258. √　259. √　260. √　261. ×
262. ×　263. √　264. √　265. √　266. √　267. √　268. √　269. ×　270. √
271. ×　272. ×　273. √　274. √　275. √　276. √　277. ×　278. √　279. ×
280. √　281. ×　282. √　283. ×　284. ×　285. √　286. ×　287. √　288. √
289. √　290. √　291. ×　292. √　293. √　294. √　295. √　296. ×　297. √
298. √　299. √　300. ×

五、简 答 题

1. 答:液压控制阀是液压控制系统的控制元件,用以控制液流方向,调节压力和流量,从而控制执行元件的运动方向、运动速度、动作顺序、输出力或力矩(3分)。控制阀根据用途和工作特点可分为:方向控制阀、压力控制阀、流量控制阀三大类(2分)。

2. 答:时间定额是指在一定的生产条件下,规定生产一件产品或完成一道工序所需耗用的时间(2分)。作用有:作为合理组织生产,计划管理、按劳分配的重要依据;作为提高劳动生产率的有力手段,是推广先进经验的有力工具,是实行经济核算和管理成本的重要基础(3分)。

3. 答:零件失效形式常有下列几种:

(1)磨损:有相对运动的表面尺寸、形状、表面质量发生变化的现象。磨损严重时,运转机构将产生运转状态恶化,甚至造成事故(2分)。

(2)变形:变形后的零件失去应有精度,机器不能正常运转(1分)。

(3)断裂:零件断裂往往会发生重大设备事故(1分)。

(4)蚀损:有疲劳点蚀、腐蚀、穴蚀三种形式(1分)。

4. 答:铰孔是取得较高精度的孔尺寸和粗糙度的方法(1分),

铰出的孔呈多角形的原因有:

(1)铰前底孔不圆,铰孔时铰刀发生弹跳(2分)。

(2)铰削余量太大和铰刀刃口不锋利、铰削时产生振动(2分)。

5. 答:相接触的物体相互移动时发生阻力的现象称摩擦,相对运动零件的摩擦表面发生尺寸、形状和表面质量变化的现象称磨损(3分)。摩擦和磨损相伴相生,严重时造成机器零件失效,机器失去正常工作能力或工作精度。机修中需修理更换的零件90%以上是由磨损造成的(2分)。

6. 答:包括表面粗糙度、尺寸公差、形状和位置公差、热处理、表面处理等方面的内容(5分)。

7. 答:切削液分水溶液、乳化液和油液三种。切削液主要作用有冷却、润滑、洗涤和排屑、防锈(5分)。

8. 答:主要原因有以下两种:机械磨损、热效应磨损(5分)。

9. 答:正常磨损主要有三种:后刀面磨损、前刀面磨损、前后刀面同时磨损(3分)。非正常磨损有两种:破损、卷刃(2分)。

10. 答:指零件加工后的几何参数与理论零件几何参数相符合的程度。相符合的程度愈高,误差愈小,加工精度就愈高(5分)。

11. 答:其作用可归纳为:

(1)保证和稳定产品质量(1分);

(2)提高劳动生产率(1分);

(3)扩大机床工作范围,做到一机多用(1分);

(4)在特殊工作中可起特殊作用(1分);

(5)操作简单、方便、安全(1分)。

12. 答:这是一种极有害的现象。它使被加工工件的表面质量恶化,表面粗糙变差,刀具加速磨损,机床连接部件易松动,零件过早磨损。机床振动还可产生噪声(5分)。

13. 答:技术管理的作用是:保证企业根本任务的实现;促使企业技术水平的提高;促使企业管理的现代化(5分)。

14. 答:采用各种机械加工的方法,直接改变毛坯的形状、尺寸和表面质量,使之成为合格产品的过程,称为机械加工工艺过程(5分)。

15. 答:用比较合理的机械加工工艺过程的各项内容编写成工艺文件,就是机械加工工艺规程(5分)。

16. 答:零件工作图包括四项内容:

(1)图形(1分);

(2)尺寸:能够把零件几何形状的大小和相对位置确定下来的尺寸(1分);

(3)技术条件:包括表面光洁度、尺寸偏差、形状和位置偏差,材料和热处理等(2分);

(4)标题栏:包括零件名称、材料、数量、图样比例及编号等(1分)。

17. 答:常用的长度单位有公制和英制两种。我国采用公制长度单位(5分)。

18. 答:厚薄规是用来检验两个相互接合面之间的间隙大小的一种量具,又称塞尺或间隙片(5分)。

19. 答:要使机械零件或工具不被破坏,就要求金属材料必须具有抵抗各种形式的外力的能力。这种能力称为金属材料的机械性能(5分)。

20. 答:金属材料的基本机械性能一般包括:弹性、强度、硬度、塑性、韧性、抗疲性等(5分)。

21. 答:在外力作用下,金属材料抵抗变形和破坏的能力称为强度。抵抗外力的能力越大,则强度越高(5分)。

22. 答:金属材料在外力作用下,产生塑性变形而不断裂的能力称为塑性(5分)。

23. 答:金属零件在外力作用下,都要引起变形,当外力卸除之后,变形便会消失,金属零件就恢复到原始状态,这种现象称为弹性变形(5分)。

24. 答:金属材料的工艺性能,通常指铸造性、可锻性、焊接性、切削加工性等(5分)。

25. 答:铸铁分为:灰口铸铁(1分)、可锻铸铁(1分)、球墨铸铁和特种铸铁(如耐热铸铁、耐磨铸铁)(3分)。

26. 答:金属材料退火的目的有:

(1)细化晶粒,均匀组织,改善机械性能(2分);

(2)降低硬度,便于切削加工(2分);

(3)消除内应力(1分)。

27. 答:设计给定的尺寸,叫作基本尺寸(2分)。

它是通过刚度、强度计算或结构等方面的考虑,按标准直径或标准长度圆整后给定的尺寸。通过测量获得的尺寸叫实际尺寸。允许尺寸变化的两个界限值,叫做极限尺寸(3分)。

28. 答:$c=20$(2分),$b=17.32$(3分)。

29. 解:$D=d-(1.05\sim1.1)t$ (3分)

$X_c=d-t=10-1.5=8.5$ mm(1分)

$X_r=d-1.1t=10-1.1\times1.5=8.35$ mm≈8.4 mm(1分)

30. 答:$v=\pi dn/1\,000=3.14\times10\times960/1\,000=30.144$ m/min (5分)。

31. 答:$v=\pi dn/1\,000=3.14\times10\times500/1\,000=15.7$ m/min (5分)。

32. 答:$n=1\,000v/\pi d=1\,000\times17.5/3.14\times16=350$ m/min (5分)。

33. 答:(1)砂轮的旋转方向应正确;砂轮启动后待转速正常后再进行磨削(2分)。

(2)磨削时要防止刀具或工件对砂轮产生剧烈撞击和过大压力(1分)。

(3)及时用修整器修整砂轮;调整搁架与砂轮间的距离,使其保持在3 mm以内(1分)。

(4)磨削时,操作者应站立在砂轮的侧面或斜对面(1分)。

34. 答:划线能使零件在加工时有一个明确的界线。并通过划线能及时发现和处理不合格的毛坯,避免加工后造成损失;当毛坯误差不大时,又可通过划线的借料得到补救(3分)。

此外,划线还便于复杂工件的机床上安装、找正和定位(2分)。

35. 答:划线时用来确定零件上其他点、线、面的位置的依据称为划线基准(5分)。

36. 答:当毛坯误差不大时,通过试划线和恰当分配加工余量,从而使得各加工表面有足够的加工余量,而缺陷和误差经加工后将得到排除,这种补救方法叫借料(5分)。

37. 答:打上样冲眼的目的是使划线出来的线条具有永久性的标记,同时用划规划圆、定钻孔中心时也需要打上样冲眼作为圆心的定点(2分)。

冲眼时要掌握以下几点:

(1)冲眼应在线条中间(1分)。

(2)对长的直线条冲眼可均匀分布且距离可大些;短的曲线条,冲眼距离要小些;在线条的交叉转折处要冲眼(1分)。

(3)粗糙毛坯表面冲眼应深些;光滑表面或薄壁工件可浅些;精加工表面禁止冲眼(1分)。

38. 答:(1)顶角 2Φ、后角 α 的大小要与工件材料的性质相适应,横刃斜角 δ 为 $55°$(2分)。

(2)两条主切削刃对称、等长,顶角 2γ 应被钻头轴线平分(2分)。

(3)钻头直径大于 5 mm,应磨短横刃(1分)。

39. 答:横刃修磨后,使靠近钻心处的前角增大(1分);减少了轴向抗力和挤刮现象(1分);定心作用也可得到改善。修磨时将横刃磨短至原来长度的 $1/3\sim1/5$,并形成内刃,内刃前角 $\tau=0°\sim15°$(3分)。

40. 答:利用钻夹具夹持工件钻孔可提高钻孔精度,尤其是孔与孔之间的位置精度;并节省了划线等辅助时间,提高了生产效率(5分)。

41. 答:铰削余量的选择应按孔径的大小、铰孔精度和表面质量的要求、材料的软硬和铰刀的类型等多种因素来考虑(5分)。

42. 答:(1)公称直径为 40 mm、导程 14 mm、螺距 7 mm 的左旋梯形螺纹(3分)。(2)公称直径为 24 mm、螺距为 1.5 mm 的细牙普通螺纹(2分)。

43. 答:丝锥切削部分前端磨出锥角,可使切削负荷分布在几个牙齿上,从而切削省力,刀齿受力均匀,不易崩刃或折断,丝锥也容易正确切入(5分)。

44. 答:攻螺纹时,丝锥除对材料起切削作用外,还对材料产生挤压,使牙型顶端凸起一部分,材料塑性越大,则挤压凸起部分越多,此时如果螺纹牙型顶端与丝锥刀齿根部没有足够的空隙,就会使丝锥轧住或折断,所以攻螺纹前的底孔直径必须大于螺纹标准中规定的螺纹小径(5分)。

45. 答:扩孔时的切削速度为钻孔的 1/2;进给量为钻孔的 1.5～2 倍(5分)。

46. 答:刀具和工件之间的相对运动叫做切削运动,分为主运动和进给运动两类(5分)。

47. 答:刀具材料应具有:

(1)高硬度 (1分);

(2)足够的强度和韧性(1分);

(3)高耐磨性(1分);

(4)高耐热性(1分);

(5)较好的工艺性(0.5分);

(6)较好的导热性(0.5分)。

48. 答:选择切削用量的目的是在保证加工精度和表面质量、保证刀具合理的耐用度的前提下,使生产效率最高(3分);同时不允许超过机床的功率,确保机床、刀具、工件、夹具等的强度和刚度(2分)。

49. 答:(1)用磨钝的钻头工作(1分);

(2)进刀量太大(1分);

(3)钻屑塞住螺旋槽(1分);

(4)孔刚钻穿时,进刀阻力突然减小,而使进刀量突然增大(1分);

(5)工件夹持不好,钻削时工件松动(0.5分);

(6)钻铸件时碰到缩孔等的铸件内部缺陷(0.5分)。

50. 答:钻头的后角越小,钻孔时钻头后刀面与工件切削表面之间的摩擦越严重,但切削刃强度越高(2分)。

后角的大小应根据工件材料而定。钻硬材料时,后角可适当小些;钻软材料时,后角可稍大些;钻有色金属时,后角不宜太大。当刃磨后角时,靠近钻心处的后角磨的越大,则横刃斜角越小。所以刃磨时,横刃斜角用来判断靠近钻心处的后角磨得是否正确(3分)。

51. 答:铰削余量太小时,上道工序残留的变形难以纠正,原有的加工痕迹也不能去除,使铰孔质量达不到要求(2分)。

同时铰刀的啃刮现象也很严重,增加了铰刀的磨损。余量太大时,则加大每一刀齿的切削负荷,破坏了切削过程的稳定性,增加了切削热,使铰刀的直径胀大,孔径也随之扩大。同时切屑会呈撕裂状态,使加工表面粗糙。铰削余量应按孔径大小来选择,同时还应考虑铰孔的精度、表面质量、材料的软硬和铰刀的类型等(3分)。

52. 答:因为铰削时,铰削的切屑一般都很细碎,容易粘附在刀刃上,甚至夹在孔壁与校准部分的棱边之间,将已加工的表面刮毛,使孔径扩大。同时切削过程产生的热量积累过多,容易引起工件与铰刀的变形,从而降低铰刀的寿命。因此,在铰削过程中必须采用适当的切削液,借以冲掉切屑和消散热量(2分)。

铰钢所用的切削液是:

(1)体积分数为10%～20%的乳化液(1分);

(2)铰孔要求高时,采用体积分数为30%菜油加70%乳化液(1分);

(3)铰孔要求高时,可采用菜油、柴油、猪油等。

铰削铝和铜时所用的切削液分别是煤油和乳化液(1分)。

53. 答:钻孔时应在允许的范围内尽量选择较大的进给量 f,当进给量 f 受到表面质量和钻头刚度的限制时,再考虑选择较大的切削速度 v(5分)。

54. 答:应选择待加工孔和面最多的一个位置(5分)。

55. 答:可展表面指零件的表面全能平坦摊在一个平面上,而不发生撕裂或皱折的这种表面(3分)。如果零件的表面不能自然地展开摊平在一个平面上,这就称为不可展表面(2分)。

56. 答:钻小孔必须要掌握以下几点:

(1)选用精度较高的钻床和小型钻夹头(1分)。

(2)尽量选用较高的转速:一般精度的钻床选用 $n=1\,500\sim3\,000$ r/min,高精度的钻床选用 $n=3\,000\sim10\,000$ r/min(2分)。

(3)开始进给时,进给量要小,进给时要注意手动和感觉,以防钻头折断(1分)。

(4)钻削过程中要及时提起钻头进行排屑,并在此时输入切削液或使钻头在空气中得到冷却(1分)。

57. 答:用一般的方法钻斜孔时,钻头刚接触工件先是单面受力,使钻头偏斜滑移,造成钻孔中心偏位,钻出的孔也很难保证正直。如钻头刚性不足时会造成钻头因偏斜而钻不进工件,使钻头崩刃或折断。故不能用一般的方法去钻斜孔(3分),必须采用:

(1)先用孔径相等的主铣刀在工件斜面上铣出一个平面再钻孔(1分)。

(2)用錾子在工件斜面上錾出一个小平面后,先用中心钻钻出一个较大的锥孔坑或用小钻头钻出一个浅孔,然后再用所需孔径的钻头去钻孔(1分)。

58. 答:(1)第一划线位置的选择,应选择待加工表面和非加工表面比较重要的集中的位置——使工件上的主要中心线平行于平板平面。这样有利于找正和借料,也能减少工件翻转次数和提高划线质量(2分)。

(2)在四个面上划出校正十字线时,线要划在较长或平直的部位,一般常用基准孔的轴线。若在毛坯上划十字校正线待加工后,必须以加工表面为基准重划(1分)。

(3)为避免和减少翻转次数,其垂直线可利用角铁和直角尺一次划出(1分)。

(4)要注意内壁的找正,应使其壁厚均匀,保证加工后有利于装配(1分)。

59. 答:钻床夹具的作用有:

(1)保证工件的加工精度,它比划线正的加工精度高,成批生产时,零件加工精度稳定(2分)。

(2)提高劳动生产率,降低加工成本。采用了夹具后,可省去划线工序,减少找正的辅助时间,同时操作方便、安全,安装稳固可靠,可增大切削用量,节省机动时间(1分)。

(3)扩大机床的加工范围,采用了钻床夹具后,解决某些工件在机床上的装夹困难,可以一机多用。例如在车床或摇臂钻床使用镗模,可代替镗床加工(1分)。

60. 答:内径百分表使用时应注意以下几点:

(1)根据测量尺寸可换测量杆,然后用环规或外径百分表调整百分表到零位(2分)。

(2)测量时,应使内径百分表在孔的轴向截面内充分摆动,观察百分表指针示值,以其最小值为读数(2分)。

(3)测量平面间距离时,也应使内径百分表的测量杆轴线在垂直于两平行平面的方向上,上下左右充分摆动,以指针示值的最小值作为读数(1分)。

61. 答:主尺上每一格的长度为 1 mm,副尺总长为 49 mm,并等分为 50 格,每格长度为 $49/50=0.98$ mm(3分),则主尺一格和副尺一格之差为 $1-0.98=0.02$ mm,所以它的精度为 0.02 mm(2分)。

62. 答:热处理是将工件在介质中加热到一定温度并保温一定时间,然后用一定速度冷却,以改变金属的组织结构,从而改变其性能(包括物理、化学和力学性能)的工艺。比如增加或者降低金属材料的硬度、强度、弹性、韧性、塑性等(2分)。

热处理的种类有:退火、回火、淬火、正火、调质及时效处理(1分)。

热处理方法有:整体热处理、表面热处理和化学热处理(1分)。

63. 答:直接测量就是可以使用测量工具直接测量(1.5分),而间接测量是需要通过一个中间力量测量(1.5分)。直接测量方便快捷、数据精准(1分),而间接测量需要你想办法"曲线救国",因为经过了第三方工具,会产生一定的误差(1分)。

64. 答:(1)测量前应将量具的各个测量面和工件的被测量表面擦净,以免脏物影响测量精度和对量具的磨损(1分)。

（2）量具在使用过程中，不要和其他工具、刀具放在一起，以免碰坏（1分）。

（3）在使用过程中，注意量具和量具不要重叠在一起，以免互相损伤（1分）。

（4）机床开动时，不要用量具测量工件，否则会加快量具磨损，而且容易发生事故（1分）。

（5）温度对量具精度影响很大，因此，量具不应放在热源（电炉、暖气片等）附近，以免受热变形（1分）。

65. 答：用普通钻头在斜面上钻孔，钻头必然会突然产生偏歪、滑移而无法定心，不仅不能钻孔，并可能折断钻头（2分）。为了在斜面上钻出合格的孔，可用立铣刀在斜面上加工出一个小平面，然后先用中心钻或小直径钻头在小平面上钻出一个锥坑或浅坑，最后用钻头钻出所需要的孔（3分）。

66. 答：因为铰削过程中或退出铰刀时，铰刀反转的话，将拉毛孔壁，甚至使铰刀崩刃，影响了铰孔的精度（5分）。

67. 答：（1）套螺纹时，切削力矩很大，圆杆不易夹持牢固，甚至会使圆杆表面损坏，所以要用硬木做的 V 形块或原铜板作衬垫，才能可靠的夹紧（2分）。

（2）套螺纹时应保持板牙端面与圆杆轴线垂直，避免切出的螺纹单面或螺纹牙一面深一面浅（2分）。

（3）为了提高螺纹表面质量和延长板牙使用寿命，套螺纹时要加切削液。一般用浓的乳化液、全损耗系统油，要求高的可用菜油或二硫化钼（1分）。

68. 答：通过操纵手柄，可使进给变速箱沿立柱导轨上下移动，从而调节主轴至工作台的距离。摇动工作台手柄，也可使工作台沿立柱导轨上下移动，以适应不同尺寸工件的加工（5分）。

69. 答：（1）用扁铲反向剔出（2分）。

（2）用焊接合适的螺栓拧出（2分）。

（3）用专用设备电火花机（1分）。

70. 答：规定的有基孔制配合、基轴制配合以及非基准制的混合配合。

基准孔代号为 H，其下偏差为零，即公差带在零线以上。基准轴代号为 h，其上偏差为零，即公差带在零线以下，基准孔和基准轴分别与 28 种不同基本偏差的轴和孔公差带相配合，能得到若干基准配合（5分）。

71. 答：（1）在划线前，对工件表面进行处理，并涂上涂料（1分）。

（2）检查待划工件是否有足够的加工余量（1分）。

（3）分析图样，根据工艺要求，明确划线位置，确定基准（1分）。

（4）划出各处的连接线，完成工件的划线工作（1分）。

（5）打样冲眼，显示各部尺寸及轮廓，工件划线结束（1分）。

72. 答：常见的划线基准有：以一个平面（或直线）和一条中心线为基准；以两条互相垂直的线（或平面）为基准；以两条中心线为基准。

划线时零件上用来确定零件上其他点、线、面位置的依据称为划线基准（2分）。

设计基准是指在零件图上用来确定其他点、线、面位置的基准（2分）。划线基准与设计基准一致，划线才能够准确、方便和提高效率，从而保证生产的准确、高效（1分）。

73. 答：原则：在允许的范围内，尽量选择较大的进给量 f，当 f 受到表面粗糙度和钻头刚度的限制时，再考虑选择较大的切削速度 v（5分）。

74. 答：废品形式：孔径大于规定尺寸、孔壁表面粗糙、孔位超差、孔的轴线倾斜、孔不圆、钻头寿命低或折断(5分)。

75. 答:(1)钻头两切削刃长度不等,高低不一致(2分)。

(2)钻床主轴径向摆偏或工作台未锁紧有松动(2分)。

(3)钻头本身弯曲或装夹不好,使钻头有过大的径向圆跳动现象(1分)。

76. 答:(1)钻头两切削刃不锋利(2分);(2)进给量太大(1分);(3)切削堵塞在螺旋槽内,擦伤孔壁(1分);(4)切削液供应量不足或选用不当(1分)。

77. 答:(1)在手铰起铰时,应用右手在沿铰孔轴线方向上施加压力,左手转动铰刀(2分)。

(2)铰削不通孔时,应经常退出铰刀,清理刀屑(1分)。

(3)机铰时,应尽量使工件在一次装夹过程中完成钻孔、扩孔、铰孔的全部工序,以保证铰刀中心与孔的中心的一致性。铰孔完毕后,应先退出铰刀,然后再停车,防止划伤孔壁表面(2分)。

78. 答:(1)钻头刃磨角度不合格(2分);

(2)没有及时返切屑(1分);

(3)没有选择合适的主轴转速和进给量(2分)。

79. 答:(1)冷却作用:钻孔时加入切削液,有利于切削热的传导和散发,限制了积屑瘤的产生和防止已加工表面的硬化,减少工件因受热变形而产生的尺寸误差(3分)。

(2)润滑作用:钻孔时切削液流入钻头与工件的切削部位,形成吸附性的润滑油膜,起到减小摩擦的作用,降低了切削阻力和钻削温度,提高了钻头的切削能力和孔壁的表面质量(2分)。

80. 答:基孔制是指基本偏差为一定的孔公差带,与不同基本偏差孔的公差带形成各种配合的一种制度(5分)。

81. 答:(1)根据图纸和工艺要求选择量具(2分)。(2)根据公差选择量具(2分)。(3)根据产品形状选择量具(1分)。

82. 答:起攻时使用头锥。用手掌按住铰杠中部,沿丝锥轴线方向加压用力,另一手配合做顺时针旋转;或两手握住铰杠两端均匀用力,并将丝锥顺时针旋进。一定要保证丝锥中心线与底孔中心线重合,不能歪斜。当丝锥旋入2圈时,应用90°角尺在前后、左右两个方向检查,并不断校正(5分)。

83. 答:$v=\pi dn/1\,000=3.14\times10\times500/1\,000=15.7$ m/min(5分)

84. 答:(1)起钻:钻孔前,应在工件钻孔中心位置用样冲冲出样冲眼,以利找正。钻孔时,先使得钻头对准钻孔中心轻钻出一个浅坑,观察位置是否正确,如有误差,及时校正,使浅坑与中心同轴(2分)。

(2)手进给操作:进给时用力不可太大,以防钻头弯曲,使钻孔轴线歪斜;钻深孔或小直径孔时,进给力要小,并经常退钻排屑,防止切屑阻塞而折断钻头;孔将钻通时,进给力必须减小,以免进给力突然过大,造成钻头折断,或使工件随钻头转动造成事故(2分)。

(3)钻孔时的切削液:钻孔时应加注足够的切削液,以达到钻头散热,减小摩擦,消除积屑瘤,降低切削阻力,提高钻头寿命,改善孔的表面质量的目的(1分)。

85. 答:(1)钻头主切削刃上各点前角变化很大,最外缘处前角为30°,接近横刃处为−30°,横刃处为−54°~−60°,切削条件很差(2分)。

(2)横刃太长,横刃处前角为负角,切削时横刃呈挤压刮削状态,产生很大的轴向抗力,同时定心作用较差,钻头容易发生抖动(1分)。

(3)副后角为0°,钻孔时副后面与孔壁之间摩擦严重,主切削刃与副后交点处切削速度最高,产生热量多,此处磨损较快(1分)。

(4)主切削刃长,全宽参加切削,切削较宽,对排屑不利,并阻碍切削液的流入(1分)。

86.答:修磨横刃(1分);修磨主切削刃(1分);修磨棱边(1分);修磨前刀面(1分);修磨分屑槽(1分)。

87.答:修磨横刃后使靠近钻心处的前角增大;减小了轴向抗力和挤刮现象;定心作用也得到了改善。长度应为横刃磨短至原来长度的1/3~1/5,并形成内刃(5分)。

88.答:要领:(1)钻头中心线与砂轮成ϕ角(2分)。

(2)右手握住钻头导向部分前端,作为定位支点,刃磨时并使钻头绕其轴心线转动,同时掌握好作用在砂轮上的压力(2分)。

(3)左手握住钻头的柄部作上下扇形摆动(1分)。

89.答:选择原则:在允许范围内,尽量选择较大的f,当f受到表面粗糙度和钻头刚度的限制时,再考虑选择较大的v(5分)。

90.答:钻孔一般属于粗加工,所以钻孔时注入切削液的目的是以冷却为主,以润滑为辅,即主要是提高钻头的切削能力和使用寿命(2.5分)。

而铰孔由于属于精加工,在铰削过程产生的切屑一般都很细碎,容易粘附在切削刃上,甚至夹在孔壁与校准部分棱边之间,将已加工表面拉毛。在铰削过程中热量积累过多也将引起工件和铰刀的变形或孔径过大,因此铰削时必须采用适当的切削液,以减少摩擦和散发热量,同时将切屑及时冲掉(2.5分)。

91.答:用扩孔钻或麻花钻,将工件上原有的孔进行扩大的加工称为扩孔。扩孔加工公差等级可达IT10~IT9,表面粗糙度值为$Ra12.5\sim3.2~\mu m$。因此扩孔加工一般应用于孔的半精加工和铰孔前的预加工(5分)。

92.答:用锪钻或改制的钻头将孔口表面加工成一定形状的孔和平面,称锪孔(2.5分)。

工作要点:其方法与钻孔方法基本相同,但锪孔时刀具容易振动,使所锪端面或锥面产生振痕,影响锪钻质量(2.5分)。

93.答:铰刀种类:整体圆柱铰刀、可调节铰刀、螺旋槽手铰刀、锥铰刀(2分)。

可调节的铰刀结构:它由刀体、刀齿条及调节螺母等组成。刀体上开有六条斜底直槽,具有相同斜度的刀齿条嵌在槽内,并用两端螺母压紧,固定刀齿条。调节两端螺母可使刀齿条在槽中沿斜槽移动,从而改变铰刀直径(3分)。

94.答:采用不等齿距的铰刀,铰孔时切削刃不会在同一地点停歇而使孔壁产生凹痕,从而能将硬点切除,提高了铰孔质量(5分)。

95.答:铰削余量是指上道工序(钻孔或扩孔)完成后,在直径方向所留下的加工余量(2分)。

余量太大,则增加了每一刀齿的切削负荷,增加了切削热,使铰刀直径扩大,孔径也随之增大。同时切削呈撕裂状态,使铰削表面粗糙(1.5分)。

余量太小,上道工序残留变形和加工刀痕难以纠正和除去,铰孔质量达不到要求。同时铰刀啃刮状态磨损严重,降低了铰刀的使用寿命(1.5分)。

96.答:利用钻床在同一工件上加工许多直径不等、精度要求不同的孔时,就需多次调换钻头或铰刀,此时如用普通的装夹工具来装夹钻头或铰刀,那么停机换装钻头很浪费时间,而且多次借助于敲打来装卸钻头套和刀具,不仅容易损坏刀具和钻头套,还将直接影响到机床的精度。如果使用不停机换装钻头,就可在主轴旋转的情况下更换刀具,减少更换刀具的时间,提高生产效率,也减少了对钻床精度的影响(5分)。

97. 答:螺旋形手铰刀其切削刃沿螺旋线分布,铰削时,多条切削刃同时与键槽边产生点的接触,切削刃不会被键槽勾住,铰削阻力沿圆周均匀分布,铰削平稳,铰出的孔光洁。铰刀螺旋方向一般是左旋,可避免铰削时因铰刀顺时针转动而产生自动进给的现象;左旋的切削刃还能将铰下的切屑推出孔外(5分)。

98. 答:钻床夹具夹紧的动力源有人力、气动、液压、电磁、电动等形式(5分)。

99. 答:普通麻花钻头的主要缺点有:

(1)主切削刃外缘处前角太大,钻心处前角太小,为负前角,切削条件差(2分)。

(2)横刃太长,横刃前角为很大负值,定心作用差,轴向切削力大(2分)。

(3)钻钢件排屑困难,钻头冷却条件差(0.5分)。

(4)刀尖角和负后角磨损剧烈(0.5分)。

100. 答:标准群钻圆弧刃的作用有:

(1)可将钻心处前角增大,改善钻头的切削性能,降低切削力和切削热(2分)。

(2)可将每个主切削刃分为三段,改善钻头分屑、断屑性能(2分)。

(3)降低钻头钻尖高度,使钻头形成三尖,提高了钻头定心性能和钻削的稳定性(1分)。

六、综合题

1. 解:如图 1 所示(10分)。

图 1

2. 解:如图 2 所示(10分)。

图 2

3. 解:如图 3 所示(10分)。

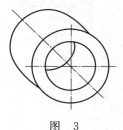

图 3

4. 解:如图 4 所示(10 分)。

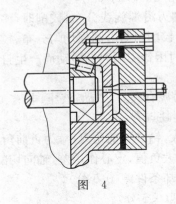

图　4

5. 解:如图 5 所示(10 分)。

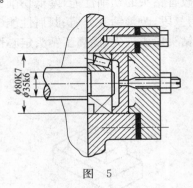

图　5

6. 解:如图 6 所示(10 分)。

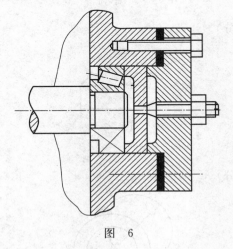

图　6

7. 解:

$$f = \frac{T_s}{2}\left[\frac{1}{\sin\frac{\alpha}{2}} - 1\right]$$

$f＝0.08×(1.414−1)＝0.033(mm)(8 分)$

答:定位误差 $f＝0.033$ mm(2 分)。

8. 解:

根据公式 $f＝\dfrac{T_s}{2}\left[\dfrac{1}{\sin\dfrac{\alpha}{2}}＋1\right]$

$f＝0.08×(1.414＋1)＝0.193(mm)(8 分)$

答:定位误差 $f＝0.193$ mm(2 分)。

9. 解:

$\tan\alpha＝\dfrac{\Delta_{1max}＋\Delta_{2max}}{2L}$

$\tan\alpha＝\dfrac{0.082＋0.106}{160}＝0.001\ 175$

$\alpha＝0.067°(8 分)$

答:摆动角度误差 $\alpha＝0.067°$(2 分)。

10. 解:

$\tan\alpha＝\dfrac{\Delta_{1max}＋\Delta_{2max}}{2L}$

$\tan\alpha＝\dfrac{0.082＋0.106}{200}＝0.000\ 94$

$\alpha＝0.054°(8 分)$

答:摆动角度误差 $\alpha＝0.054°$(2 分)。

11. 答:钻微孔操作的要点是要避免钻头折断。因此,在钻微孔时,首先要选用较高的切削速度,进给要均匀、缓慢,并注意及时排屑,这样能避免因轴向切削力过大导致钻头折断(10 分)。

12. 解:根据公式 $k_2＝mi－b$

$k_2＝0.6×0.08－0.001＝0.048－0.001＝0.047(mm)(8 分)$

答:材料的塑性变形量 $k_2＝0.047$ mm(2 分)。

13. 解:根据公式 $k_2＝mi－b$

$k_2＝0.9×0.1－0.015＝0.09－0.015＝0.075(mm)(8 分)$

答:材料的塑性变形量 $k_2＝0.075$ mm(2 分)。

14. 解:根据公式 $k_2＝mi－b$

$k_2＝0.850.08－0.000\ 8＝0.068－0.000\ 8＝0.067\ 2(mm)(8 分)$

答:材料的塑性变形量 $k_2＝0.067\ 2$ mm(2 分)。

15. 解:根据公式 $D_1＝D_2－k_2$

$D_1＝1\ 605－0.047＝16.003(mm)(8 分)$

答:挤压前孔径 $D_1＝16.003$mm(2 分)。

16. 解:根据公式 $D_1＝D_2－k_2$

$D_1＝1\ 605－0.075＝15.975(mm)(8 分)$

答:挤压前孔径 $D_1＝15.975$ mm(2 分)。

17. 解:根据公式 $D_1 = D_2 - k_2$

$D_1 = 1605 - 0.0672 = 15.983(\text{mm})$ (8 分)

答:挤压前孔径 $D_1 = 15.983$ mm(2 分)。

18. 答:切割板料时,孔径尺寸和表面粗糙度是由外侧切刀切割形成的。如果外侧刀伸出短、内侧刀伸出长,就会先将中间余料切掉,造成切割刀失去定心和支承,此时还在切割孔壁的外侧刀就会产生振动,影响加工质量,甚至不能完成孔的切割(10 分)。

19. 解:内孔刀低于工件中心时,

根据公式 $\alpha'_{0e} = \alpha'_0 - \theta$

$\tan\theta = \dfrac{H}{\dfrac{D}{2}} = \dfrac{4}{50} = 0.08, \theta = 4.57°$

$\alpha'_{0e} = 4° - 4.57° = -0.57°$ (8 分)

答:工作负后角 $\alpha'_{0e} = -0.57°$ (2 分)。

20. 解:内孔刀高于工件中心时,

根据公式 $\alpha'_{0e} = \alpha'_0 + \theta$

$\tan\theta = \dfrac{H}{\dfrac{D}{2}} = \dfrac{4}{50} = 0.08, \theta = 4.57°$ (6 分)

$\alpha'_{0e} = 4° + 4.57° = 8.57°$ (2 分)

答:工作负后角 $\alpha'_{0e} = 8.57°$ (2 分)。

21、解:内孔刀高于工件中心时,

根据公式 $\alpha'_{0e} = \alpha'_0 + \theta$

$\tan\theta = \dfrac{H}{\dfrac{D}{2}} = \dfrac{2}{50} = 0.04, \theta = 2.29°$ (6 分)

$\alpha'_{0e} = 4° + 2.29° = 6.29°$ (2 分)

答:工作负后角 $\alpha'_{0e} = 6.29°$ (2 分)。

22. 解:首先连接三孔圆心为 $\triangle ABC$,做 BC 的垂线 AD。已知 AB 边与水平线夹角为 $60°$,$AB = 36$ mm,$AC = 50$ mm,求 BC 尺寸。

$BD = AB \times \cos 60° = 18$ mm

$AD = 36 \times \sin 60° = 31.1769$ mm

$DC = \sqrt{50^2 - 31.1769^2} = 39.089$ mm

$BC = BD + DC = 18 + 39.089 = 57.089$ mm(8 分)

答:C 孔的水平坐标为 57.089 mm(2 分)。

23. 解:根据公式 $\alpha = \dfrac{360°}{Z}$

$\alpha = \dfrac{360°}{12} = 30°$ (8 分)

答:钻每个孔分度头的回转角度 $\alpha = 30°$ (2 分)。

24. 解:根据公式 $n = \dfrac{40}{Z}$

$$n=\frac{40}{14}=\frac{40}{14}=2\frac{6}{7}$$

手柄的回转圈数取 7 的倍数孔,$n=2\frac{24}{28}$(8 分)。

答:手柄的回转圈数取 7 的倍数孔,$n=2\frac{24}{28}$(2 分)。

25. 解:先将 $7°21'30''$ 化为 26 490″,

再根据公式计算:$n=\frac{\theta''}{32\ 400}=\frac{26\ 490}{32\ 400}=0.817\ 6$(转)(6 分)

查表选择手柄回转圈数 $n=\frac{54}{66}$(2 分)

答:查表选择手柄回转圈数 $n=\frac{54}{66}$(2 分)。

26. 解:$f=|M_1-M_2|=|80.06-80.0|=0.04$(mm)(8 分)
答:在长度 120 mm 长度上孔轴线与基面的平行度 $f=0.04$ mm(2 分)。

27. 解:$f=|M_1-M_2|=|80.03-80.005|=0.025$(mm)(8 分)
答:在长度 120 mm 长度上孔轴线与基面的平行度 $f=0.025$ mm(2 分)。

28. 解:$f=|M_1-M_2|=|60.03-60.05|=0.02$(mm)(8 分)
答:在长度 120 mm 长度上孔轴线间的平行度 $f=0.02$ mm(2 分)。

29. 解:
(1)角度 $\alpha=90°-65°±10'=25°±10'$(2 分)
(2)垫块高度 $H=L\sin\alpha$
　　　　$=120×\sin25°$
　　　　$=120×0.422$
　　　　$=50.714$(mm)(6 分)

(3)角度误差 $\tan\Delta_a=\frac{-0.05}{20}=-0.002\ 5$

得 $\Delta_a=-8'$
$-8'<-10'$(3 分)
答:应抬起的角度 $\alpha=25°±10'$;垫块高度 $H=50.714$ mm;钻模钻套角度误差 $\Delta_a=-8'<-10'$,合格(2 分)。

30. 解:(1)角度 $\alpha=90°-60°±10'=30°±10'$(2 分)
(2)垫块高度 $H=L\sin\alpha$
　　　　$=120×\sin30°$
　　　　$=120×0.5$
　　　　$=60$(mm)(3 分)

(3)角度误差 $\tan\Delta_a=\frac{-0.08}{20}=-0.004$

得 $\Delta_a=-13'$
$-13'>-10'$(3 分)

答:应抬起的角度 $\alpha=30°\pm10'$;垫块高度 $H=30$ mm;钻模钻套角度误差 $\Delta_\alpha=-13'>-10'$,不合格(2分)。

31. 解:$H=L\sin2\alpha=500\times\sin20°$

$=500\times0.342=171$(mm)(8分)

答:块规高度 $H=171$ mm(2分)。

32. 解:$H=L\sin\alpha=500\times\sin10°$

$=500\times0.1736=86.8$(mm)(8分)

答:块规高度 $H=86.8$ mm(2分)。

33. 解:根据公式 $\sin\beta=\dfrac{M-d}{D+d}$

$\sin\beta=\dfrac{52.46-10}{39.8+10}=\dfrac{42.46}{49.8}=0.8526$

$\beta=58°29'$(3分)

又根据公式 $\sin\theta_1=\dfrac{d_1+d}{D+d}$

$\sin\theta_1=\dfrac{8+10}{39.8+10}=\dfrac{18}{49.8}=0.36145$

$\theta_1=21°11'$(3分)

又根据公式 $\sin\theta_2=\dfrac{d_2+d}{D+d}$

$\sin\theta_2=\dfrac{7.98+10}{39.8+10}=\dfrac{17.98}{49.8}=0.36104$

$\theta_2=21°10'$

$\alpha=2\beta-\theta_1-\theta_2$

$=2\times58°29'-21°11'-21°10'$

$=74°8'$(3分)

答:二孔轴线夹角 $\alpha=74°8'$(1分)。

34. 解:x 的基本尺寸计算为:

$x=h+H+\dfrac{d}{2},H=CA+DO$

$CA=\dfrac{CD}{\sin60°}=\dfrac{3+2.5}{0.866}=6.35$(mm)

$DO=\dfrac{AD}{\tan60°}=\dfrac{3}{1.732}=1.73$(mm)

$x=10.25+(6.35+1.73)+3=21.33$(mm)(8分)

答:钻套实际尺寸 21.3 mm 在理论尺寸的公差范围(21.33±0.05)mm 内,故斜孔位置尺寸合格(2分)。

35. 解:

根据公式 $\sin\beta=\dfrac{M-d}{D+d}$

$$\sin\beta=\frac{49.46-10}{39.8+10}=\frac{39.46}{49.8}=0.792\,37$$

$\beta=52°24'$(3 分)

又根据公式 $\sin\theta_1=\dfrac{d_1+d}{D+d}$

$$\sin\theta_1=\frac{8+10}{39.8+10}=\frac{18}{49.8}=0.361\,45$$

$\theta_1=21°11'$(3 分)

又根据公式 $\sin\theta_2=\dfrac{d_2+d}{D+d}$

$$\sin\theta_2=\frac{7.98+10}{39.8+10}=\frac{17.98}{49.8}=0.361\,04$$

$\theta_2=21°10'$(2 分)

$\begin{aligned}\alpha&=2\beta-\theta_1-\theta_2\\&=2\times52°24'-21°11''-21°10'\\&=62°27'(\text{1 分})\end{aligned}$

答:二孔轴线夹角 $\alpha=62°27'$(1 分)。

钻床工(初级工)技能操作考核框架

一、框架说明

1. 依据《国家职业标准》[注],以及中国北车确定的"岗位个性服从于职业共性"的原则,提出钻床工(初级工)技能操作考核框架(以下简称:技能考核框架)。

2. 本职业等级技能操作考核评分采用百分制。即:满分为 100 分,60 分为及格,低于 60 分为不及格。

3. 实施"技能考核框架"时,考核制件(活动)命题可以选用本企业的加工件(活动项目),也可以结合实际另外组织命题。

4. 实施"技能考核框架"时,考核的时间和场地条件等应依据《国家职业标准》,并结合企业实际确定。

5. 实施"技能考核框架"时,其"职业功能"的分类按以下要求确定:

(1)"作业项目实施"属于本职业等级技能操作的核心职业活动,其"项目代码"为"E"。

(2)"作业前准备"、"作业后处理"属于本职业等级技能操作的辅助性活动,其"项目代码"分别为"D"和"F"。

6. 实施"技能考核框架"时,其"鉴定项目"和"选考数量"按以下要求确定:

(1)按照《国家职业标准》有关技能操作鉴定比重的要求,本职业等级技能操作考核制件的"鉴定项目"应按"D"+"E"+"F"组合,其考核配分比例相应为:"D"占 20 分,"E"占 70 分,"F"占 10 分。

(2)依据中国北车确定的"核心职业活动选取 2/3,并向上取整"的规定,在"E"类鉴定项目——"作业项目实施"的全部 4 项中,至少选取 3 项。

(3)依据中国北车确定的"其余'鉴定项目'的数量可以任选"的规定,"D"和"F"类鉴定项目——"作业前准备"和"作业后处理"中,至少分别选取 1 项。

(4)依据中国北车确定的"确定'选考数量'时,所涉及'鉴定要素'的数量占比,应不低于对应'鉴定项目'范围内'鉴定要素'总数的 60%,并向上取整"的规定,考核制件的鉴定要素"选考数量"应按以下要求确定:

①在"D"类"鉴定项目"中,在已选定的至少 1 个鉴定项目中,至少选取已选鉴定项目所对应的全部鉴定要素的 60%项,并向上保留整数。

②在"E"类"鉴定项目"中,在已选定的至少 3 个鉴定项目所包含的全部鉴定要素中,至少选取总数的 60%项,并向上保留整数。

③在"F"类"鉴定项目"中,在已选定的至少 1 个鉴定项目中,至少选取已选鉴定项目所对应的全部鉴定要素的 60%项,并向上保留整数。

举例分析:

按照上述"第 6 条"要求,若命题时按最少数量选取,即:在"D"类鉴定项目中的选取了"设备基本操作"1项,在"E"类鉴定项目中选取了"普通麻花钻头的刃磨"、"钻孔及铰孔"、"锯削加工"3项,在"F"类鉴定项目中选取了"精度检验及常用量具的使用和保养"1项,则:

此考核制件所涉及的"鉴定项目"总数为5项,具体包括:"设备基本操作"、"普通麻花钻头的刃磨"、"钻孔及铰孔"、"锯削加工"、"精度检验及常用量具的使用和保养";

此考核制件所涉及的鉴定要素"选考数量"相应为9项,具体包括:"设备基本操作"鉴定项目包含的全部2个鉴定要素,"普通麻花钻头的刃磨"、"钻孔及铰孔"、"锯削加工"3个鉴定项目包括的全部8个鉴定要素中的5项,"精度检验及常用量具的使用和保养"鉴定项目包含的全部3个鉴定要素中的2项。

7. 本职业等级技能操作需要两人及以上共同作业的,可由鉴定组织机构根据"必要、辅助"的原则,结合实际情况确定协助人员的数量。在整个操作过程中,协助人员只能起必要、简单的辅助作用。否则,每违反一次,至少扣减应考者的技能考核总成绩10分,直至取消其考试资格。

8. 实施"技能考核框架"时,应同时对应考者在质量、安全、工艺纪律、文明生产等方面行为进行考核。对于在技能操作考核过程中出现的违章作业现象,每违反一项(次)至少扣减技能考核总成绩10分,直至取消其考试资格。

注:按照中国北车规定,各《职业技能操作考核框架》的编制依据现行的《国家职业标准》或现行的《行业职业标准》或现行的《中国北车职业标准》的顺序执行。

二、钻床工(初级工)技能操作鉴定要素细目表

职业功能	鉴定项目		鉴定比重(%)	选考方式	鉴定要素		重要程度
	项目代码	名　称			要素代码	名　称	
作业前准备	D	设备基本操作	20	任选	001	对设备进行安全检查	Y
					002	能操作钻床的各个手轮、手柄;变换主轴转速、进给量	Y
		加工准备			001	能够读懂图纸的工艺规程	Z
					002	能够根据选择夹具	Z
					003	根据图纸划线	X
作业项目实施	E	普通麻花钻头的刃磨	70	至少选3项	001	根据图纸要求选择直径合格的钻头	X
					002	根据工件材料刃磨钻头的几何角度	X
		钻孔及铰孔			001	钻孔加工	X
					002	根据需求选择铰刀型式	X
					003	铰孔加工	X
		锯削加工			001	工件的夹持	X
					002	锯条的选择及安装	X
					003	锯缝的直线度	X
		锉削加工			001	根据材料选择锉刀	X
					002	表面粗糙度的保证	X
					003	尺寸公差的保证	X

职业功能	鉴定项目			选考方式	鉴定要素		
	项目代码	名　称	鉴定比重（%）		要素代码	名　称	重要程度
作业后处理	F	精度检验及常用量具的使用和保养	10	任选	001	根据图纸选择合适的量具	X
					002	正确使用量具	X
					003	准确读出测量结果	X
		设备的使用及保养			001	了解设备操作规程	X
					002	了解设备润滑	X
					003	能按要求维护保养设备	X
					004	能清洗冷却泵、冷却槽，更换冷却液	X

注：重要程度中 X 表示核心要素，Y 表示一般要素，Z 表示辅助要素。下同。

钻床工(初级工)技能操作
考核样题与分析

职 业 名 称：_____

考 核 等 级：_____

存 档 编 号：_____

考核站名称：_____

鉴定责任人：_____

命题责任人：_____

主管负责人：_____

中国北车股份有限公司劳动工资部制

职业技能鉴定技能操作考核制件图示或内容

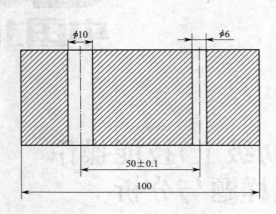 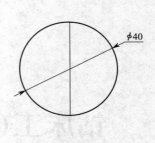

技术要求：

1. 要求工件在普通钻床上加工。

2. 分别考核各尺寸精度、形状位置精度。

3. 表面粗糙度均应达到图纸要求。

考试规则：

1. 每违反一次工艺纪律、安全操作、劳动保护等扣除 10 分。

2. 有重大安全事故、考试作弊者取消其考试资格。

职业名称	钻床工
考核等级	初级工
试题名称	圆柱钻孔
材质等信息	45

职业技能鉴定技能操作考核准备单

职业名称	钻床工
考核等级	初级工
试题名称	圆柱钻孔

一、材料准备：

按图纸要求准备试件一个

二、设备、工、量、卡具准备清单

序　号	名　　称	规　格	数　量	备　注
1	钢板尺	150 mm	1	
2	划规	150 mm	1	
3	样冲		1	
4	锤子		1	
5	钻头	自选	1	
6	钻头	自选	1	
7	划针		1	
8	手锯		1	
9	锉刀	若干		
10	卡尺	150 mm	1	

三、考场准备

1. 相应的公用设备、工具

①普通摇臂钻；

②工作台；

③虎钳。

2. 相应的场地及安全防范措施

护目眼镜(可自带)。

3. 其他准备

四、考核内容及要求

1. 考核内容(按考核制件图示及要求制作)

2. 考核时限：120 分钟

3. 考核评分(表)

职业名称	钻床工		考核等级	初级工	
试题名称	圆柱钻孔		考核时限	120分钟	
鉴定项目	考核内容	配分	评分标准	扣分说明	得分
加工准备	明白考件如何加工	5	不知道工艺不得分		
	知道考件用何种夹具	5	选择错误不得分		
	能划出考件	10	一处错误不得分		
锯削加工	保证考件夹紧	6	不合格不得分		
	保证锯条安装正确	2	不正确不得分		
	按划好线锯削	10	不正确不得分		
锉削加工	正确选择锉刀	2	不合格不得分		
	保证粗糙度合格	5	不合格不得分		
	保证尺寸合格	5	超0.02 mm扣2分		
普通麻花钻头的刃磨	正确选择钻头	5	不合格不得分		
	刃磨钻头保证钻削顺利	10	不合格不得分		
钻孔及铰孔	钻孔不能偏移	10	不合格不得分		
	按孔的精度选择	5	不合格不得分		
	铰孔加工	10	不合格不得分		
精度检验及常用量具的使用	根据公差要求选择	2	选择错误不得分		
	正确使用量具测量	3	测量方法错误不得分		
	会正确读出结果	5	超0.02 mm扣2分		
质量、安全、工艺纪律、文明生产等综合考核项目	考核时限	不限	超时停止操作		
	工艺纪律	不限	依据企业有关工艺纪律管理规定执行，每违反一次扣10分		
	劳动保护	不限	依据企业有关劳动保护管理规定执行，每违反一次扣10分		
	文明生产	不限	依据企业有关文明生产管理规定执行，每违反一次扣10分		
	安全生产	不限	依据企业有关安全生产管理规定执行，每违反一次扣10分，有重大安全事故,取消成绩		

职业技能鉴定技能考核制件(内容)分析

职业名称	钻床工
考核等级	初级工
试题名称	圆柱钻孔
职业标准依据	钻床工中国北车职业标准

试题中鉴定项目及鉴定要素的分析与确定

分析事项 ＼ 鉴定项目分类	基本技能"D"	专业技能"E"	相关技能"F"	合计	数量与占比说明
鉴定项目总数	2	4	2	8	核心技能"E"鉴定项目选取应满足占比高于2/3的要求
选取的鉴定项目数量	1	4	1	6	
选取的鉴定项目数量占比	50%	100%	50%	66.7%	
对应选取鉴定项目所包含的鉴定要素总数	3	11	3	17	
选取的鉴定要素数量	3	11	3	17	鉴定要素数量占比大于60%
选取的鉴定要素数量占比	100%	100%	100%	100%	

所选取鉴定项目及相应鉴定要素分解与说明

鉴定项目类别	鉴定项目名称	国家职业标准规定比重(%)	《框架》中鉴定要素名称	本命题中具体鉴定要素分解	配分	评分标准	考核难点说明
D	加工准备	20	能够读懂图纸的工艺规程	明白考件如何加工	5	不知道工艺不得分	
			能够根据选择夹具	知道考件用何种夹具	5	选择错误不得分	
			根据图纸划线	能划出考件	10	一处错误不得分	难点
E	锯削加工	70	工件的夹持	保证考件夹紧	6	不合格不得分	
			锯条的选择及安装	保证锯条安装正确	2	不正确不得分	
			锯缝的直线度	按划好线锯削	10	不正确不得分	难点
	锉削加工		根据材料选择锉刀	正确选择锉刀	2	不合格不得分	难点
			表面粗糙度的保证	保证粗糙度合格	5	不合格不得分	难点
			尺寸公差的保证	保证尺寸合格	5	超0.02 mm扣2分	难点
	普通麻花钻头的刃磨		根据图纸要求选择直径合格的钻头	正确选择钻头	5	不合格不得分	
			根据工件材料刃磨钻头的几何角度	刃磨钻头保证钻削顺利	10	不合格不得分	
	钻孔及铰孔		圆弧面钻孔	钻孔不能偏移	10	不合格不得分	难点
			选择合适的铰刀	按孔的精度选择	5	不合格不得分	
			铰孔加工	铰孔加工	10	不合格不得分	
F	精度检验及常用量具的使用	10	根据图纸选择合适的量具	根据公差要求选择	2	选择错误不得分	
			正确使用量具	正确使用量具测量	3	测量方法错误不得分	
			准确读出测量结果	会正确读出结果	5	超0.02 mm扣2分	

续上表

鉴定项目类别	鉴定项目名称	国家职业标准规定比重(%)	《框架》中鉴定要素名称	本命题中具体鉴定要素分解	配分	评分标准	考核难点说明
质量、安全、工艺纪律、文明生产等综合考核项目				考核时限	不限	超时停止操作	
				工艺纪律	不限	依据企业有关工艺纪律管理规定执行,每违反一次扣10分	
				劳动保护	不限	依据企业有关劳动保护管理规定执行,每违反一次扣10分	
				文明生产	不限	依据企业有关文明生产管理规定执行,每违反一次扣10分	
				安全生产	不限	依据企业有关安全生产管理规定执行,每违反一次扣10分,有重大安全事故,取消成绩	

钻床工(中级工)技能操作考核框架

一、框架说明

1. 依据《国家职业标准》^注，以及中国北车确定的"岗位个性服从于职业共性"的原则，提出钻床工(中级工)技能操作考核框架(以下简称：技能考核框架)。

2. 本职业等级技能操作考核评分采用百分制。即：满分为 100 分，60 分为及格，低于 60 分为不及格。

3. 实施"技能考核框架"时，考核制件(活动)命题可以选用本企业的加工件(活动项目)，也可以结合实际另外组织命题。

4. 实施"技能考核框架"时，考核的时间和场地条件等应依据《国家职业标准》，并结合企业实际确定。

5. 实施"技能考核框架"时，其"职业功能"的分类按以下要求确定：

(1)"作业项目实施"属于本职业等级技能操作的核心职业活动，其"项目代码"为"E"。

(2)"作业前准备"、"作业后处理"属于本职业等级技能操作的辅助性活动，其"项目代码"分别为"D"和"F"。

6. 实施"技能考核框架"时，其"鉴定项目"和"选考数量"按以下要求确定：

(1)按照《国家职业标准》有关技能操作鉴定比重的要求，本职业等级技能操作考核制件的"鉴定项目"应按"D"+"E"+"F"组合，其考核配分比例相应为："D"占 20 分，"E"占 70 分，"F"占 10 分。

(2)依据中国北车确定的"核心职业活动选取 2/3，并向上取整"的规定，在"E"类鉴定项目——"作业项目实施"的全部 7 项中，至少选取 5 项。

(3)依据中国北车确定的"其余'鉴定项目'的数量可以任选"的规定，"D"和"F"类鉴定项目——"作业前准备"和"作业后处理"中，至少分别选取 1 项。

(4)依据中国北车确定的"确定'选考数量'时，所涉及'鉴定要素'的数量占比，应不低于对应'鉴定项目'范围内'鉴定要素'总数的 60%，并向上取整"的规定，考核制件的鉴定要素"选考数量"应按以下要求确定：

①在"D"类"鉴定项目"中，在已选定的至少 1 个鉴定项目中，至少选取已选鉴定项目所对应的全部鉴定要素的 60%项，并向上保留整数。

②在"E"类"鉴定项目"中，在已选定的至少 5 个鉴定项目所包含的全部鉴定要素中，至少选取总数的 60%项，并向上保留整数。

③在"F"类"鉴定项目"中，在已选定的至少 1 个鉴定项目中，至少选取已选鉴定项目所对应的全部鉴定要素的 60%项，并向上保留整数。

举例分析：

按照上述"第 6 条"要求，若命题时按最少数量选取，即：在"D"类鉴定项目中的选取了"设备基本操作"1 项,在"E"类鉴定项目中选取了"普通麻花钻头的刃磨"、"特殊孔的钻削"、"铰孔"、"锯削加工"、"锉削加工"5 项,在"F"类鉴定项目中分别选取了"精度检验及常用量具的使用"1 项,则:

此考核制件所涉及的"鉴定项目"总数为 7 项,具体包括:"设备基本操作"、"普通麻花钻头的刃磨"、"特殊孔的钻削"、"铰孔"、"锯削加工"、"锉削加工"、"精度检验及常用量具的使用";

此考核制件所涉及的鉴定要素"选考数量"相应为 14 项,具体包括:"设备基本操作"鉴定项目包含的全部 2 个鉴定要素,"普通麻花钻头的刃磨"、"特殊孔的钻削"、"铰孔"、"锯削加工"、"锉削加工"5 个鉴定项目包括的全部 16 个鉴定要素中的 10 项,"精度检验及常用量具的使用"鉴定项目包含的全部 3 个鉴定要素中的 2 项。

7. 本职业等级技能操作需要两人及以上共同作业的,可由鉴定组织机构根据"必要、辅助"的原则,结合实际情况确定协助人员的数量。在整个操作过程中,协助人员只能起必要、简单的辅助作用。否则,每违反一次,至少扣减应考者的技能考核总成绩 10 分,直至取消其考试资格。

8. 实施"技能考核框架"时,应同时对应考者在质量、安全、工艺纪律、文明生产等方面行为进行考核。对于在技能操作考核过程中出现的违章作业现象,每违反一项(次)至少扣减技能考核总成绩 10 分,直至取消其考试资格。

注:按照中国北车规定,各《职业技能操作考核框架》的编制依据现行的《国家职业标准》或现行的《行业职业标准》或现行的《中国北车职业标准》的顺序执行。

二、钻床工(中级工)技能操作鉴定要素细目表

职业功能	鉴定项目				鉴定要素		
	项目代码	名　称	鉴定比重(%)	选考方式	要素代码	名　称	重要程度
作业前准备	D	设备基本操作	20	任选	001	能操作钻床的各个手轮、手柄;变换主轴转速、进给量	Y
					002	钻床升降系统及主轴自锁是否正常	X
		加工准备			001	能够读懂图纸及工艺要求	Z
					002	能够根据图纸选择正确的工具,夹具	Z
					003	能够根据图纸划线	Z
作业项目实施	E	普通麻花钻头的刃磨	70	至少选5项	001	根据图纸要求选择直径合格的钻头	X
					002	根据工件材料刃磨钻头的几何角度	X
		特殊孔的钻削			001	钻小孔常出现的问题	X
					002	斜面钻孔的方法	X
					003	加长钻头钻深孔常出现的问题	X
					004	钻相交孔的方法	X
		铰孔			001	根据图纸要求选择铰刀	X
					002	铰孔加工	X
		米制普通螺纹加工			001	根据螺纹选择合适的钻头	X
					002	用丝锥板牙攻丝	X

职业功能	鉴定项目				鉴定要素		
	项目代码	名　称	鉴定比重（%）	选考方式	要素代码	名　称	重要程度
作业项目实施	E	米制普通螺纹加工		至少选5项	003	螺纹精度的保证	X
					004	螺纹通止规的使用	X
		英制螺纹加工			001	螺纹底孔的计算	X
					002	螺纹牙型的确定	X
					003	螺纹通止规的检查	X
		锯削加工			001	工件的夹持	X
					002	锯条的安装	X
					003	锯缝的直线度	X
		锉削加工			001	根据材料选择锉刀	X
					002	工件的夹持	X
					003	表面粗糙度的保证	X
					004	形位公差的保证	X
					005	尺寸公差的保证	X
作业后处理	F	精度检验及常用量具的使用	10	任选	001	根据图纸选择合适的量具	X
					002	正确使用量具	X
					003	准确读出测量结果	X
		模具使用和设备润滑			001	能选择工件匹配的模具	X
					002	能正确使用模具	X
					003	能正确保养模具	X
					004	设备润滑	X

钻床工(中级工)技能操作
考核样题与分析

职 业 名 称：＿＿＿＿＿＿＿＿＿＿＿

考 核 等 级：＿＿＿＿＿＿＿＿＿＿＿

存 档 编 号：＿＿＿＿＿＿＿＿＿＿＿

考核站名称：＿＿＿＿＿＿＿＿＿＿＿

鉴定责任人：＿＿＿＿＿＿＿＿＿＿＿

命题责任人：＿＿＿＿＿＿＿＿＿＿＿

主管负责人：＿＿＿＿＿＿＿＿＿＿＿

中国北车股份有限公司劳动工资部制

职业技能鉴定技能操作考核制件图示或内容

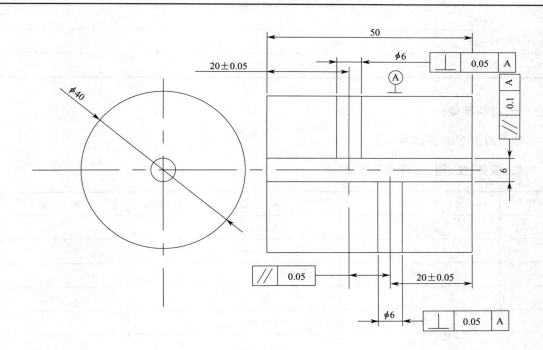

技术要求:

1. 要求工件在普通钻床上加工。
2. 分别考核各尺寸精度、形状位置精度。
3. 表面粗糙度均应达到图纸要求。

考试规则:

1. 每违反一次工艺纪律、安全操作、劳动保护等扣除 10 分。
2. 有重大安全事故、考试作弊者取消其考试资格。

职业名称	钻床工
考核等级	中级工
试题名称	圆柱钻铰孔
材质等信息	45

职业技能鉴定技能操作考核准备单

职业名称	钻床工
考核等级	中级工
试题名称	圆柱钻铰孔

一、材料准备：

按图纸要求准备试件一个

二、设备、工、量、卡具准备清单

序号	名　称	规　格	数量	备　注
1	钢板尺	150 mm	1	
2	卡尺	150 mm	1	
3	手锯		1	
4	锉刀	若干		
5	划规	150 mm	1	
6	样冲		1	
7	锤子		1	
8	钻头	自选	1	
9	铰刀	自选	1	
10	划针		1	

三、考场准备

1. 相应的公用设备、工具
①普通摇臂钻；
②工作台；
③虎钳。
2. 相应的场地及安全防范措施
护目眼镜(可自带)。
3. 其他准备

四、考核内容及要求

1. 考核内容(按考核制件图示及要求制作)
2. 考核时限:120 分钟
3. 考核评分(表)

职业名称	钻床工		考核等级	中级工	
试题名称	圆柱钻铰孔		考核时限	120分钟	
鉴定项目	考核内容	配分	评分标准	扣分说明	得分
设备基本操作	检查各操作手柄及手轮	4	操作不当一处扣2分		
	检查是否正常	2	操作不当一处扣0.5分		
加工准备	能熟练说明工艺要求	4	不能熟练说明不得分		
	选择合适的工具	2	不正确不得分		
	按图画出靠件	8	不正确一处扣4分		
锯削加工	选择合适装夹方式	4	不正确不得分		
	正确安装锯条	4	不正确不得分		
	按划好线锯削	8	不合格不得分		
锉削加工	按图纸材料选择锉刀	4	不正确不得分		
	正确夹持工件	4	不正确不得分		
	保证图纸粗糙度	6	不合格扣3分		
普通麻花钻头的刃磨	钻头按图纸选择	5	不正确不得分		
	刃磨钻头保证钻削顺利	5	不正确扣3分		
特殊孔的钻削	保证孔的位置度	10	不合格扣3分		
	防止钻头折断	10	不合格扣3分		
铰孔	选择合适的铰孔	5	不合格扣3分		
	保证孔的精度	5	不合格扣3分		
精度检验及常用量具的使用	选择检测量具	2	选择不正确不得分		
	测量各部尺寸	4	测量方法不正确扣4分		
	记录测量结果	4	测量结果错误不得分		
质量、安全、工艺纪律、文明生产等综合考核项目	考核时限	不限	超时停止操作		
	工艺纪律	不限	依据企业有关工艺纪律管理规定执行,每违反一次扣10分		
	劳动保护	不限	依据企业有关劳动保护管理规定执行,每违反一次扣10分		
	文明生产	不限	依据企业有关文明生产管理规定执行,每违反一次扣10分		
	安全生产	不限	依据企业有关安全生产管理规定执行,每违反一次扣10分,有重大安全事故,取消成绩		

职业技能鉴定技能考核制件(内容)分析

职业名称	钻床工
考核等级	中级工
试题名称	圆柱钻铰孔
职业标准依据	钻床工中国北车职业标准

试题中鉴定项目及鉴定要素的分析与确定

鉴定项目分类 分析事项	基本技能"D"	专业技能"E"	相关技能"F"	合计	数量与占比说明
鉴定项目总数	2	7	2	11	核心技能"E"鉴定项目选取应满足占比高于2/3的要求
选取的鉴定项目数量	2	5	1	8	
选取的鉴定项目数量占比	100%	71.4%	50%	72.7%	
对应选取鉴定项目所包含的鉴定要素总数	5	16	3	24	鉴定要素数量占比大于60%
选取的鉴定要素数量	5	12	3	20	
选取的鉴定要素数量占比	100%	75%	100%	83.3%	

所选取鉴定项目及相应鉴定要素分解与说明

鉴定项目类别	鉴定项目名称	国家职业标准规定比重(%)	《框架》中鉴定要素名称	本命题中具体鉴定要素分解	配分	评分标准	考核难点说明
D	设备基本操作	20	能操作钻床的各个手轮、手柄；变换主轴转速、进给量	检查各操作手柄及手轮	4	操作不当一处扣2分	
			钻床升降系统,主轴自锁是否正常	检查是否正常	2	操作不当一处扣0.5分	
	加工准备		能够读懂图纸及工艺要求	能熟练说明工艺要求	4	不能熟练说明不得分	
			能够根据图纸选择正确的工具、夹具	选择合适的工具	2	不正确不得分	
			能够根据图纸划线	按图画出靠件	8	不正确一处扣4分	
E	锯削加工	70	工件的夹持	选择合适装夹方式	4	不正确不得分	
			锯条的安装	正确安装锯条	4	不正确不得分	难点
			锯缝的直线度	按划好线锯削	8	不合格不得分	
	锉削加工		根据材料选择锉刀	按图纸材料选择锉刀	4	不正确不得分	
			工件的夹持	正确夹持工件	4	不正确不得分	
			表面粗糙度的保证	保证图纸粗糙度	6	不合格扣3分	难点
	普通麻花钻头的刃磨		根据图纸要求选择直径合格的钻头	钻头按图纸选择	5	不正确不得分	
			根据工件材料刃磨钻头的几何角度	刃磨钻头保证钻削	5	不正确扣3分	
	特殊孔的钻削		斜面钻孔的方法	保证孔的位置度	10	不合格扣3分	难点
			钻相交孔的方法	防止钻头折断	10	不合格扣3分	难点

鉴定项目类别	鉴定项目名称	国家职业标准规定比重(%)	《框架》中鉴定要素名称	本命题中具体鉴定要素分解	配分	评分标准	考核难点说明
E	铰孔		根据图纸要求选择铰刀	选择合适的铰孔	5	不合格扣3分	
			铰孔加工	保证孔的精度	5	不合格扣3分	
F	精度检验及常用量具的使用	10	根据图纸选择合适的量具	选择检测量具	2	选择不正确不得分	
			正确使用量具	测量各部尺寸	4	测量方法不正确扣4分	
			准确读出测量结果	记录测量结果	4	测量结果错误不得分	
	质量、安全、工艺纪律、文明生产等综合考核项目			考核时限	不限	超时停止操作	
				工艺纪律	不限	依据企业有关工艺纪律管理规定执行,每违反一次扣10分	
				劳动保护	不限	依据企业有关劳动保护管理规定执行,每违反一次扣10分	
				文明生产	不限	依据企业有关文明生产管理规定执行,每违反一次扣10分	
				安全生产	不限	依据企业有关安全生产管理规定执行,每违反一次扣10分,有重大安全事故,取消成绩	

钻床工(高级工)技能操作考核框架

一、框架说明

1. 依据《国家职业标准》^注，以及中国北车确定的"岗位个性服从于职业共性"的原则，提出钻床工(高级工)技能操作考核框架(以下简称：技能考核框架)。

2. 本职业等级技能操作考核评分采用百分制。即：满分为 100 分，60 分为及格，低于 60 分为不及格。

3. 实施"技能考核框架"时，考核制件(活动)命题可以选用本企业的加工件(活动项目)，也可以结合实际另外组织命题。

4. 实施"技能考核框架"时，考核的时间和场地条件等应依据《国家职业标准》，并结合企业实际确定。

5. 实施"技能考核框架"时，其"职业功能"的分类按以下要求确定：

(1)"作业项目实施"属于本职业等级技能操作的核心职业活动，其"项目代码"为"E"。

(2)"作业前准备"、"作业后处理"属于本职业等级技能操作的辅助性活动，其"项目代码"分别为"D"和"F"。

6. 实施"技能考核框架"时，其"鉴定项目"和"选考数量"按以下要求确定：

(1)按照《国家职业标准》有关技能操作鉴定比重的要求，本职业等级技能操作考核制件的"鉴定项目"应按"D"+"E"+"F"组合，其考核配分比例相应为："D"占 15 分，"E"占 60 分，"F"占 25 分。

(2)依据中国北车确定的"核心职业活动选取 2/3，并向上取整"的规定，在"E"类鉴定项目——"作业项目实施"的全部 7 项中，至少选取 5 项。

(3)依据中国北车确定的"其余'鉴定项目'的数量可以任选"的规定，"D"和"F"类鉴定项目——"作业前准备"和"作业后处理"中，至少分别选取 1 项。

(4)依据中国北车确定的"确定'选考数量'时，所涉及'鉴定要素'的数量占比，应不低于对应'鉴定项目'范围内'鉴定要素'总数的 60%，并向上取整"的规定，考核制件的鉴定要素"选考数量"应按以下要求确定：

①在"D"类"鉴定项目"中，在已选定的至少 1 个鉴定项目中，至少选取已选鉴定项目所对应的全部鉴定要素的 60%项，并向上保留整数。

②在"E"类"鉴定项目"中，在已选定的至少 5 个鉴定项目所包含的全部鉴定要素中，至少选取总数的 60%项，并向上保留整数。

③在"F"类"鉴定项目"中，在已选定的至少 1 个鉴定项目中，至少选取已选鉴定项目所对应的全部鉴定要素的 60%项，并向上保留整数。

举例分析：

按照上述"第 6 条"要求，若命题时按最少数量选取，即：在"D"类鉴定项目中的选取了"设备基本操作"1 项，在"E"类鉴定项目中选取了"特殊孔的钻削"、"米制普通螺纹加工"、"钻孔余量计算及铰孔"、"普通麻花钻头的刃磨"、"锉削加工"5项,在"F"类鉴定项目中分别选取了"精度检验及常用量具的使用"1项,则:

此考核制件所涉及的"鉴定项目"总数为7项,具体包括:"设备基本操作"、"特殊孔的钻削"、"米制普通螺纹加工"、"钻孔余量计算及铰孔"、"普通麻花钻头的刃磨"、"锉削加工"、"精度检验及常用量具的使用";

此考核制件所涉及的鉴定要素"选考数量"相应为20项,具体包括:"设备基本操作"鉴定项目包含的全部3个鉴定要素中的2项,"特殊孔的钻削"、"米制普通螺纹加工"、"钻孔余量计算及铰孔"、"普通麻花钻头的刃磨"、"锉削加工"5个鉴定项目包括的全部25个鉴定要素中的15项,"精度检验及常用量具的使用"鉴定项目包含的全部5个鉴定要素中的3项。

7. 本职业等级技能操作需要两人及以上共同作业的,可由鉴定组织机构根据"必要、辅助"的原则,结合实际情况确定协助人员的数量。在整个操作过程中,协助人员只能起必要、简单的辅助作用。否则,每违反一次,至少扣减应考者的技能考核总成绩10分,直至取消其考试资格。

8. 实施"技能考核框架"时,应同时对应考者在质量、安全、工艺纪律、文明生产等方面行为进行考核。对于在技能操作考核过程中出现的违章作业现象,每违反一项(次)至少扣减技能考核总成绩10分,直至取消其考试资格。

注:按照中国北车规定,各《职业技能操作考核框架》的编制依据现行的《国家职业标准》或现行的《行业职业标准》或现行的《中国北车职业标准》的顺序执行。

二、钻床工(高级工)技能操作鉴定要素细目表

职业功能	鉴定项目				鉴定要素		
	项目代码	名　称	鉴定比重(%)	选考方式	要素代码	名　称	重要程度
作业前准备	D	设备基本操作	15	任选	001	能操作钻床的各个手轮、手柄	X
					002	冷却系统操作和检查	Y
					003	钻床升降及自锁系统是否正常	X
		图纸分析并确定工具			001	能够读懂图纸的工艺规程	Z
					002	能够根据图纸选择正确的工具、夹具、模具及量具	Z
					003	能够根据图纸计算出应选钻头规格	Z
					004	能够正确调整使用钻模	Y
					005	能够按图纸要求划出孔的位置	Z
作业项目实施	E	普通麻花钻头的刃磨	60	至少选5项	001	根据工件材料刃磨钻头的几何角度	X
					002	根据图纸刃磨台阶钻头	X
					003	刃磨钻头时冷却液的选择	X
		钻削余量计算及铰孔			001	根据图纸要求装夹选择的钻头	X
					002	选择合适转速及进给量进行钻削	X
					003	选择合适切削液	X
					004	选择铰削方法(手动铰刀或机用铰刀)	X
					005	选择合适铰刀保证孔的精度及粗糙度	X

职业功能	鉴定项目		鉴定比重（%）	选考方式	鉴定要素		重要程度
	项目代码	名　称			要素代码	名　称	
作业项目实施	E	特殊孔的钻削		至少选5项	001	钻小孔注意的关键点	X
					002	斜面钻孔的方法	X
					003	台阶孔的加工	X
					004	加长孔钻削时应注意的问题	X
					005	钻精度要求高的孔的方法	X
					006	钻相交孔的方法	X
					007	切削液的合理选择	X
		米制普通螺纹加工			001	根据螺纹选择合适的丝锥	X
					002	用丝锥铰杠攻丝	X
					003	螺纹精度的保证	X
					004	螺纹表面粗糙度的保证	X
					005	螺纹通止规的使用	X
		英制螺纹加工			001	螺纹底孔的计算	X
					002	螺纹牙型的确定	X
					003	螺纹通止规的检查	X
		锯削加工			001	工件的夹持	X
					002	锯条的选择	X
					003	锯条的安装	X
					004	锯缝的大小	X
					005	锯缝的直线度	X
					006	锯缝的粗糙度	X
		锉削加工			001	根据材料选择锉刀	X
					002	工件的夹持	X
					003	表面粗糙度的保证	X
					004	形位公差的保证	X
					005	尺寸公差的保证	X
作业后处理	F	精度检验及常用量具的使用	25	任选	001	根据图纸选择合适的量具	X
					002	正确使用量具	X
					003	准确读出测量结果	X
					004	量具的防护和保养	X
					005	计量器具安全操作规程	X
		模具的使用及保养			001	能选择工件匹配的模具	X
					002	能制作简单的模具	X
					003	能正确使用模具	X
					004	能检测模具的完好性	X
					005	能正确保养模具	X

钻床工(高级工)技能操作
考核样题与分析

职 业 名 称：_____

考 核 等 级：_____

存 档 编 号：_____

考核站名称：_____

鉴定责任人：_____

命题责任人：_____

主管负责人：_____

中国北车股份有限公司劳动工资部制

职业技能鉴定技能操作考核制件图示或内容

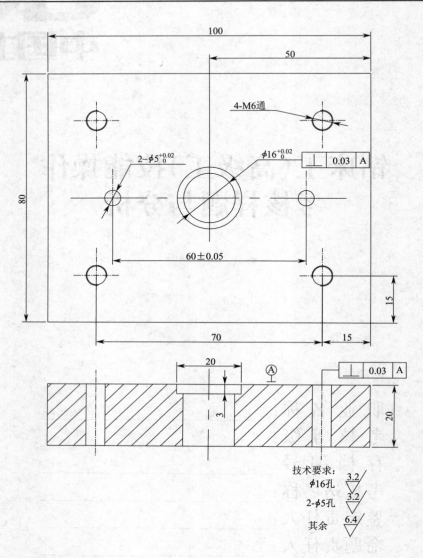

技术要求：
$\phi 16$孔 3.2
2-$\phi 5$孔 3.2
其余 6.4

技术要求：
1. 要求工件在普通钻床上加工。
2. 分别考核各尺寸精度、形状位置精度。
3. 表面粗糙度均应达到图纸要求。
考试规则：
1. 每违反一次工艺纪律、安全操作、劳动保护等扣除10分。
2. 有重大安全事故、考试作弊者取消其考试资格。

职业名称	钻床工
考核等级	高级工
试题名称	连接体
材质等信息	45

职业技能鉴定技能操作考核准备单

职业名称	钻床工
考核等级	高级工
试题名称	连接体

一、材料准备

按图纸要求准备试件一个

二、设备、工、量、卡具准备清单

序　号	名　称	规　格	数　量	备　注
1	钢板尺	150 mm	1	
2	划规	150 mm	1	
3	样冲		1	
4	锤子		1	
5	钻头	自选	1	
6	钻头	自选	1	
7	划针		1	
8	手锯		1	
9	锉刀	若干		
10	卡尺	150 mm	1	
11	丝锥	自选	1套	

三、考场准备

1. 相应的公用设备、工具
①普通摇臂钻；
②工作台；
③虎钳。
2. 相应的场地及安全防范措施
护目眼镜(可自带)。
3. 其他准备

四、考核内容及要求

1. 考核内容(按考核制件图示及要求制作)
2. 考核时限：120分钟
3. 考核评分(表)

职业名称	钻床工		考核等级		高级工	
试题名称	连接体		考核时限		120分钟	
鉴定项目	考核内容	配分	评分标准		扣分说明	得分
设备基本操作	能熟练操作钻床	2	错误一处扣1分			
	检查操作系统	2	错误一处扣1分			
图纸分析并确定工具	了解工件加工流程	2	不熟练不得分			
	选择加工所需的用具	2	错误一处扣1分			
	会计算出要选择的钻头	2	错误不得分			
	划出工件所需的点和线	5	错误一处扣2分			
普通麻花钻头的刃磨	刃磨通孔钻头	2	不合格不得分			
	刃磨台阶孔钻头	4	不合格不得分			
	刃磨时防止钻头退火	2	不合格不得分			
钻削余量计算及铰孔	装夹计算好的钻头	2	一个孔不合格扣0.5分			
	选择合适的切削用量	10	计算错不得分			
	根据材料选择切削液	2	选择铰刀错误不得分			
	选择合适的铰孔方法	2	选择错误不得分不合格不得分			
	根据钻孔余量选择铰刀	4	不合格不得分			
特殊孔的钻削	保证孔的位置度	5	超0.02 mm扣2分			
	保证孔的同轴度	5	不合格不得分			
	合理选择切削液	2	不合格不得分			
米制普通螺纹加工	根据图纸攻丝M10通孔	8	丝锥选择错误不得分			
	攻丝时选择切削液	2	攻丝不合格扣2分			
	攻丝时如何保证精度	1	粗糙度不合格不得分			
锉削加工	选择合适的锉刀	1	不合格不得分			
	正确夹紧工件	1	不合格不得分			
	表面粗糙度的保证	2	不合格不得分			
	形位公差的保证	3	不合格不得分			
	尺寸公差的保证	2	不合格不得分			
精度检验及常用量具的使用	选择检测量具	6	不合格不得分			
	测量方法正确	6	不合格不得分			
	结果正确	7	不合格不得分			
	按要求放置量具	6	不合格不得分			
质量、安全、工艺纪律、文明生产等综合考核项目	考核时限	不限	超时停止操作			
	工艺纪律	不限	依据企业有关工艺纪律管理规定执行，每违反一次扣10分			
	劳动保护	不限	依据企业有关劳动保护管理规定执行，每违反一次扣10分			
	文明生产	不限	依据企业有关文明生产管理规定执行，每违反一次扣10分			
	安全生产	不限	依据企业有关安全生产管理规定执行，每违反一次扣10分,有重大安全事故,取消成绩			

职业技能鉴定技能考核制件(内容)分析

职业名称	钻床工
考核等级	高级工
试题名称	连接体
职业标准依据	钻床工中国北车职业标准

试题中鉴定项目及鉴定要素的分析与确定

分析事项 \ 鉴定项目分类	基本技能"D"	专业技能"E"	相关技能"F"	合计	数量与占比说明
鉴定项目总数	2	7	2	9	核心技能"E"满足鉴定项目占比高于2/3的要求
选取的鉴定项目数量	2	5	1	8	
选取的鉴定项目数量占比	100%	71%	50%	73%	
对应选取鉴定项目所包含的鉴定要素总数	8	25	5	38	鉴定要素数量占比大于60%
选取的鉴定要素数量	6	19	4	29	
选取的鉴定要素数量占比	75%	76%	80%	76%	

所选取鉴定项目及相应鉴定要素分解与说明

鉴定项目类别	鉴定项目名称	国家职业标准规定比重(%)	《框架》中鉴定要素名称	本命题中具体鉴定要素分解	配分	评分标准	考核难点说明
D	设备基本操作	15	能熟练操作钻床的各个手轮和手柄	能熟练操作钻床	2	错误一处扣1分	
			钻床升降及自锁系统是否正常	检查操作系统	2	错误一处扣1分	
	图纸分析并确定工具		能够读懂图纸的工艺规程	了解工件加工流程	2	不熟练不得分	
			能够根据图纸选择正确的工具、夹具、模具及量具	选择加工所需的用具	2	错误一处扣1分	
			能够根据图纸计算出应选钻头规格	会计算出要选择的钻头	2	错误不得分	
			能够按图纸要求划出孔的位置	划出工件所需的点和线	5	错误一处扣2分	难点
E	普通麻花钻头的刃磨	60	根据工件材料刃磨钻头的几何角度	刃磨通孔钻头	2	不合格不得分	
			根据图纸刃磨台阶钻头	刃磨台阶孔钻头	4	不合格不得分	
			刃磨钻头时冷却液的选择	刃磨时防止钻头退火	2	不合格不得分	
	钻削余量计算及铰孔		根据图纸要求装夹选择的钻头	装夹计算好的钻头	2	一个孔不合格扣0.5分	
			选择合适转速及进给量进行钻削	选择合适的切削用量	10	计算错不得分	
			选择合适切削液	根据材料选择切削液	2	选择铰刀错误不得分	
			选择铰削方法(手动铰刀或机用铰刀)	选择合适的铰孔方法	2	选择错误不得分不合格不得分	
			选择合适铰刀保证孔的精度及粗糙度	根据钻孔余量选择铰刀	4	不合格不得分	

鉴定项目类别	鉴定项目名称	国家职业标准规定比重(%)	《框架》中鉴定要素名称	本命题中具体鉴定要素分解	配分	评分标准	考核难点说明
E	特殊孔的钻削		斜面钻孔的方法	保证孔的位置度	5	超 0.02 mm 扣 2 分	难点
			台阶孔的加工	保证孔的同轴度	5	不合格不得分	
			切削液的合理选择	合理选择切削液	2	不合格不得分	
	米制普通螺纹加工		根据螺纹选择合适的丝锥	根据图纸攻丝 M10 通孔	8	丝锥选择错误不得分	
			螺纹表面粗糙度的保证	攻丝时选择切削液	2	攻丝不合格扣 2 分	
			螺纹精度的保证	攻丝时如何保证精度	1	粗糙度不合格不得分	
	锉削加工		根据材料选择锉刀	选择合适的锉刀	1	不合格不得分	
			工件的夹持	正确夹紧工件	1	不合格不得分	
			表面粗糙度的保证	按图纸要求保证	2	不合格不得分	难点
			形位公差的保证	按图纸要求保证	3	不合格不得分	
			尺寸公差的保证	按图纸要求保证	2	不合格不得分	
F	精度检验及常用量具的使用	25	根据图纸选择合适的量具	选择检测量具	6	不合格不得分	
			正确使用量具	测量方法正确	6	不合格不得分	
			准确读出测量结果	结果正确	7	不合格不得分	
			量具的防护和保养	按要求放置量具	6	不合格不得分	
质量、安全、工艺纪律、文明生产等综合考核项目				考核时限	不限	超时停止考核	
				工艺纪律	不限	依据企业有关工艺纪律管理规定执行,每违反一次扣10分	
				劳动保护	不限	依据企业有关劳动保护管理规定执行,每违反一次扣10分	
				文明生产	不限	依据企业有关文明生产管理规定执行,每违反一次扣10分	
				安全生产	不限	依据企业有关安全生产管理规定执行,每违反一次扣10分,有重大安全事故,取消成绩	